视频图文学养殖丛书

国家现代农业蜂产业技术体系研究成果
中国养蜂学会推荐

蜜 蜂

绿色高效养殖技术

刘 星 张中印 张 玉 等 编著

U0246462

中国农业出版社
北 京

编 著 者

刘 星 张中印 张 玉 申光予 赵学昭

前　言

　　随着社会经济的快速发展，养蜂产业也跟着时代和科学前进的步伐得到长足的发展，如养蜂环境优化、蜜蜂健康养殖、多箱体成熟蜜生产、养蜂机械化，智能蜂箱、中蜂格子箱和活框箱等先进设备，不断得到推广应用，蜂产品产量和质量得到很大提升。

　　为适应现代养蜂业的需求，高效绿色养蜂，作者根据多年来养蜂教学、生产实践、技术中试和示范推广成果，结合各地先进经验，组织编写了《蜜蜂高效绿色养殖技术》，内容包括养蜂早知道、养蜂的基础、养好蜂王、意蜂养殖管理有方有序、中蜂养殖与转地放蜂、获取高质量产品、防虫防病防毒害共七大模块，各个关键节点配置插图300多幅，配置养蜂视频20个，使读者在阅读的同时，直观养蜂生产实际操作。本书图文并茂，技术措施科学先进、简明实用，内容翔实。本书适用于农技人员推广培训、蜂农阅读、农业院校相关专业师生参考。

　　本书由郑州市畜牧站、国家现代农业新乡养蜂综合试验站、南阳市园林绿化局等单位编写，参考了近年来养蜂一线工作者的科技著作和最新成果，在此感谢所有对本书提供宝贵经验的广大读者、给予支持的领导和编审。

　　科学和时代在不断发展，本书的完善和养蜂技术升级也不是一蹴而就的，还需要广大读者在生产实践中提炼总结，希望不吝赐教成功经验，以便今后修改、增删，使之日臻完善，成为所有养蜂者、爱好者的好帮手。

编　者

2022 年 4 月 15 日

目 录

模块一 养蜂早知道

■ 专题一 蜜蜂的基本概念 ■

一、蜜蜂是何方神圣

(一)蜜蜂是什么

蜜蜂是采蜜、酿蜜的社会性昆虫，它们以群（箱、窝、桶、笼）为单位延续生命、扩大种群（图1）。

蜜蜂属的昆虫，都有专吃花蜜花粉、用蜡筑巢和个体生命活动、群体生活等特点。

(二)蜂群的结构

蜂群是由单个蜜蜂生命体组成的集体生命。自然情况下，一群蜂在春夏秋活动季节，由1只蜂王、数百只雄蜂和几千到数万只工蜂组成（图2），蜂巢中有长成蜜蜂的卵、幼虫和蛹，这些称为蜂子；在冬季蜂群断子时期，雄蜂消失。

图1 蜂 群

图2 蜜蜂的一家
左：蜂王 中：雄蜂 右：工蜂

1

　　蜂王和工蜂都是雌性蜜蜂，由蜂王产的受精卵发育而来。蜂王个体最大，体型修长，生殖器官发达，出生 8～9 天与雄蜂交配，在蜂群中产卵生育，蜂群中的工蜂和雄蜂都是其子女；此外，蜂王还承载着蜂群遗传基因，领导蜂群正常生活。工蜂数量最多、个体最小，生殖器官残缺，不与雄蜂交配，在有王蜂群中不能产卵，承担泌乳育儿、建造巢穴、采酿食物、守护家园等工作。雄蜂是雄性蜜蜂，由蜂王产的未受精卵长成。个体粗壮，出生 20 天前后出巢追寻处女蜂王交配，作为种群遗传物质载体，还有平衡蜂群中雌雄性比关系的作用。

　　一个好的蜂群，蜂王必须优良、年轻力壮，工蜂健康勤奋，雄蜂基因优秀。

蜂王、工蜂、雄蜂

二、蜜蜂的可爱形象

　　蜜蜂个体生长发育经过卵、幼虫、蛹、成虫四个阶段，其中，三型蜂的卵、幼虫和蛹形体基本一致，生活在蜂巢中，平时不能被人发现（图 3）；成虫相似，存在差异。

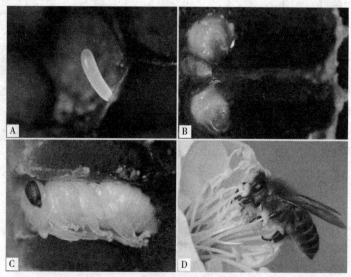

图 3　蜜蜂个体生长发育的四个虫态
A. 卵　B. 幼虫　C. 蛹　D. 成虫

（一）卵、幼虫和蜂蛹

1. 蜂卵　从蜂王产卵开始到卵孵化结束，称为卵期。蜜蜂卵呈香蕉状，乳白色，略透明；两端钝圆，一端稍粗是头部，朝向房口；另一端稍细是腹末，表面有黏液，黏着于巢房底部。

2. 幼虫　从卵孵化到第 5 次蜕皮结束，是幼虫期。初孵化幼虫新月形，淡青色，没有足，躺房底，浮饲料上；随着生长，渐成 C 形，至小环状，白色晶亮；长大后则伸向巢房口发展，有 1 个小头和 13 个分节的体躯。

3. 蜂蛹　从幼虫蜕掉第 5 次皮开始到蛹壳裂开，称为蛹期。蜜蜂蛹期不吃不动，幼虫期形成的组织和器官在继续分化改造，逐渐形成蜜蜂形体的各种器官。

（二）成虫的外部形象

当蛹成熟变为成虫时，蛹壳裂开，蜜蜂咬破巢房蜡盖羽化，再经过 1 周时间的发育，体内各器官发育至完整。

成年蜜蜂形体分头、胸、腹三部分，由多个体节组构成（图4）。蜜蜂体表由一层几丁质骨骼构成体形，对内支撑和保护内脏器

图 4　工蜂形态
1. 腹部　2. 胸部　3. 头部　4. 触角　5. 复眼　6. 口器　7. 前足　8. 绒毛
9. 中足　10. 后足　11. 翅

官，对外具有保温护体的作用。体表绒毛有些是空心的，能够感知外界波动；有些呈现羽状分支，能黏附花粉粒，是采集花粉的工作器官之一。

1. 头部 蜜蜂头部是感觉和摄食的中心，表面着生眼、触角和口器，里面有腺体和神经节等。头和胸由细且具弹性的膜质颈相连。蜂王头呈肾脏形，工蜂头呈倒三角形，雄蜂头呈近圆形。

（1）眼 蜜蜂的眼有复眼和单眼两种。

复眼 1 对，位于头部两侧，由许多表面呈正六边形的小眼聚集组成，大而突出，暗褐色，有光泽。蜜蜂复眼视物为嵌像，对快速移动的物体看得清楚，能迅速记住黄、绿、蓝、紫色，对红色是色盲，追击黑色与毛茸茸的东西。

单眼 3 个，呈倒三角形排列在头顶上方与两复眼之间。单眼对光强度敏感，决定蜜蜂早出晚归。

（2）触角 1 对，着生于颜面中央触角窝，膝状，由柄、梗、鞭 3 节组成，可自由活动，主司味觉和嗅觉。

触角互动
索取食物

（3）口器 由上唇基、上唇、上颚和喙等组成，是适于吸吮花蜜和嚼食花粉的嚼吸式口器。工蜂和蜂王的口器还有自卫的功能。

2. 胸部 蜜蜂胸部是运动的中心，由前胸、中胸、后胸和并胸腹节组成，并胸腹节为第一腹节延伸至胸部形成，其后部突然收缩形成腹柄而与腹部相连。胸部 4 节紧密相连，每节都由背板、腹板和两块侧板合围而成。中胸和后胸的背板两侧各有 1 对翅，称前翅和后翅。前、中、后胸腹板两侧分别着生前足、中足和后足各 1 对。胸部两侧有气门 3 对，与腹部 7 对气门构成呼吸系统的开口。

（1）翅 蜜蜂的翅膜质透明，前翅大于后翅。翅上有翅脉，是翅的支架；前翅后缘有卷褶，后翅前缘有翅勾。静止时，翅水平向后折叠于身体背面；飞翔时，前翅掠过后翅，由卷褶与翅勾连在一起，以增加飞翔力（图 5）。

图 5　飞行中采蜜的工蜂

工蜂的翅除飞行外，还能扇动气流和振动发声，调节巢内温度和湿度，传递信息。

（2）足　蜜蜂的足由基节、转节、股节、胫节和跗节组成。跗节又分 5 个小节——基部加长扩展部分称基跗节，中间 3 小节，端部为前跗节，并具爪 1 对，两爪中间有 1 个中垫。

工蜂的足既是运动器官，又是采集和携带花粉的工具。其后足胫节端部宽扁，外表面光滑而略凹陷，周边着生向内弯曲的长刚毛，相对环抱，下部偏中央处独生 1 支长刚毛，形成一个可携带花粉的装置——花粉篮。工蜂采集到的花粉在此堆集成团，中央刚毛和花粉篮周围的刚毛，起固定花粉团的作用。胫节端部有一列硬刺，称花粉耙，基跗节基部边缘有一横向的扁状突起，称耳状突。花粉耙和耳状突可协作把搜刮来的花粉装入花粉篮内。基跗节内侧具有 9～10 排整齐横列的硬毛，称花粉梳，用于梳刮附着在身体上的花粉粒等（图 6）。意蜂等西方蜜蜂的花粉篮还用于携带蜂胶。

蜂王和雄蜂足的采集构造退化，无采集花粉的能力。

3. 腹部　蜜蜂腹部是内脏活动和生殖的中心，由一组腹（环）节组成，腹节之间由前向后套叠在一起，前后相邻腹节由节间膜连接起来，每一可见的腹节都是由 1 片大的背板和 1 片较小的腹板组成，其间由侧膜相连。腹节两侧有成对的气门，雌蜂腹末有螫针，工蜂腹板还有蜡镜。

图 6　工蜂后足
1. 外侧，示花粉篮　2. 刚毛　3. 花粉耙
4. 耳状突　5. 内侧，示花粉梳
（引自 Snodgrass R E，1993）

　　（1）螫针　由产卵器特化而成，是蜜蜂的自卫器官，通常包藏于腹末第 7 节背板下的螫针腔内。由碱性腺（副腺）、酸性腺（毒腺）、毒囊和螫针杆等组成。螫针杆由 1 根腹面具沟的刺针和 2 根上表面具槽、端部具齿的感针组成（图 7），感针镶嵌于刺针之下，可滑动自如，并与刺针组成通道，和毒囊、毒腺相连。

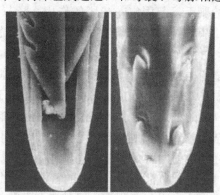

图 7　螫针的端部
（引自 Snodgrass R E，1993）

在工蜂蜇人时，靠感针端部的小齿附着人体，在逃跑时将螫针和毒腺与蜂体分离。螫针上的肌肉在交感神经的作用下，还会有节奏地收缩，刺针与感针上下滑动，使螫针越刺越深并继续射毒，直到把毒液全部排出为止。失去螫针的工蜂不久便死亡。

蜂王不蜇人，它只在与其他蜂王搏斗时才使用螫针蜇刺。雄蜂没有螫针。

（2）蜡镜　位于工蜂第 4 至第 7 腹板的前部，即被前一节套叠的部分，光滑、透明、卵圆形，左右对称，共有 4 对，是承接蜡液凝固成蜡鳞的地方。

三、蜜蜂的个体生殖

（一）蜂王产卵的秘密

1. 蜂王产卵的基础——生殖器官　由 1 对卵巢、2 条侧输卵管、1 条中输卵管、附性腺和外生殖器等组成。卵巢呈梨形，每个卵巢由 150 条左右的卵巢管紧密聚集而成，卵巢管由一连串的卵室和滋养细胞室相间组成（图 8）。

图 8　蜜蜂的卵巢管
（引自 黄智勇）

2. 卵子产生与排出　卵室产生卵子，卵子吸收滋养室供给的营养生长发育，成熟后经过侧输卵管到达中输卵管。中输卵管的后端膨大为阴道，阴道背面有 1 个圆球状的受精囊，是蜂王接受和贮藏精子的地方，由受精囊管与阴道相通，蜂王在此按需要决定卵子受精与否。在受精囊上还有 1 对受精囊腺，产生的腺液维持精子的活力。最后，卵子从外生殖器产出；营养被利用后的滋养室消失。卵巢管中后续卵子不断长大、成熟、排出，卵巢管末端不断产生新的卵子和滋养室，数百条卵巢管为蜂王生育提供源源不断的卵子，从早春到秋末，不分昼夜地产卵。意蜂蜂王每昼夜产卵可达 1 800粒，超过自身的体重。中蜂蜂王每昼夜产卵 900 粒左右；当外界花儿逐渐消失，它也会节制生育，并在冬天停止产卵。

蜂王根据巢房位置、形状、大小，在工蜂房和王台中产下受精卵，在雄蜂房中产下未受精卵。

在自然情况下蜂王的寿命为 3～5 年，其产卵最盛期是头 1～1.5 年，1.5 年后，产卵量逐渐下降。在养蜂生产中，常使用 1～2年生的蜂王，中蜂蜂王衰老更快，应年年更换。在炎热的、蜂群没有断子期的地区，一年更换 2 次蜂王，以此保持蜂群的繁荣昌盛。

3. 母亲蜂王的由来　在每年蜜源丰盛季节里，蜂群培育新的蜂王，准备分蜂或替换衰老的蜂王。当处女蜂王羽化出生后，8～9天性成熟，并在晴暖天气出巢婚飞，与一群雄蜂竞争者中的胜者交配，交配 2～3 天后产卵。

蜂王一次婚飞可和 1 只或多只雄蜂交配，第二天还可以再次婚飞交配，但产卵后除分蜂外，终生待在巢内。

4. 蜂王的其他职能　蜂王是品种种性的载体，对蜂群中个体的形态、生物学特性、生产性能、抗逆能力等都有直接的影响；它还通过释放蜂王物质和产生足够数量的卵来维持蜂群正常的生活秩序，从而达到控制群体的作用。无王蜂群，工蜂不安、蜂群没有生活秩序，失去生存动力，最终导致群体消亡。

（二）雄蜂存在的意义

1. 雄蜂的使命　它们在晴暖的午后，飞离蜂巢，只有少数雄蜂找到处女王交配，然后死去。绝大多数没有交配机会的雄蜂，却留得生命回巢，或飞到别的"蜜蜂王国"。雄蜂的天职就是交配授精，平衡蜂群中的性比关系。雄蜂也是种群遗传物质的载体，工蜂的基因有一半来自它的父亲雄蜂。

2. 精子的来源　雄蜂生殖器官由 1 对睾丸、2 条输精管、1 对贮精囊、1 对黏液腺、1 条射精管和阳茎组成（图 9）。睾丸呈扁平的扇状体，内有许多精小管，产生的精子经过一短段细小扭曲的输精管，到达长管状的贮精囊暂时保存，与处女蜂王交配时，由射精管排出土黄色的精液。

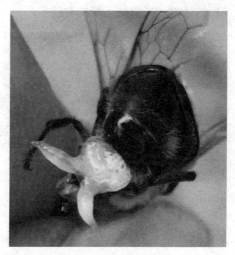

图 9　雄蜂外露的阳茎

3. 雄蜂的一生　雄蜂是季节性蜜蜂。春暖花开、蜂群强壮时，蜂王在雄蜂房中产下未受精卵，以后它就发育成雄蜂。雄蜂既没有螫针，也没有采集食物的构造，不能自食其力。在蜂群活动季节，其平均寿命约 20 天，一到秋末，这些已是无用处的雄蜂，就会被工蜂驱逐出去，了此一生。

（三）不能生殖的工蜂

1. 工蜂不育的原因　工蜂的生殖器官显著退化，卵巢只有 3～8 条卵巢管，受精囊仅存痕迹。工蜂出生后不与雄蜂交配，并受蜂王控制，不能产卵；在蜂群较长时间没有蜂王的情况下，部分工蜂卵巢再次发育，会产下无精卵，不久蜂群消亡。

2. 工蜂勤劳的一生　每年春暖花开，蜂王产卵首先繁殖工蜂，并将越冬工蜂逐渐更新，替补工蜂又被后来绵绵不断出生的工蜂轮

换，生命不息。工蜂根据日龄的大小、蜂群的需要以及环境的变化
而变更着各自的"工种"。这些工种有：孵卵、打扫巢房、哺育小幼
虫和蜂王、泌蜡筑巢、采酿花蜜和蜂粮、守卫蜂巢（图10）等。在
刺槐等主要蜜源开花期，如果巢内只有少量的蜂子可哺育，5日龄的
工蜂也参加采酿蜂蜜活动；早春越冬工蜂的王浆腺还会发育哺育蜂
儿，连续生产花粉的蜂群，采粉的工蜂相对就多。

图10 守门蜜蜂张牙舞爪
（李新雷 摄）

蜜蜂的集体
清洁活动

此外，体态轻盈、浑身长满绒毛的蜜蜂身上，可黏附4万～5
万粒植物的花粉，在采蜜时帮助植物雌蕊找到合适的"对象"而授
粉。蜜蜂是农作物最理想的授粉昆虫，其授粉增产的价值，比其产
品的总和高10倍以上。

在工蜂短暂的一生中，繁重的采集和泌浆工作，使其在春天的
寿命约35天，在夏季和秋季只有28天左右；而在没有幼虫哺育的
情况下，寿命则可达到60天以上，冬天180天。

■ 专题二　知道蜜蜂的习性 ■

一、蜜蜂的飞行

（一）工蜂的定位方法

在黑暗蜂巢里，蜜蜂利用重力感觉器与地磁力来完成筑巢定
位；在出巢飞行中，蜜蜂利用视觉的功能，依靠地形、物体与太阳

位置等来定向，依靠颜色和气味来寻找巢门位置和食物。

在一个狭小的场地住着众多的蜜蜂，若没有明显标志物，蜜蜂也会迷失方位，蜂场附近的高压线能影响蜜蜂回归。

(二) 工蜂的飞行能力

晴暖无风的天气，意蜂载重飞行每小时约 20 千米，在逆风条件下常贴地面艰难运动。意蜂工蜂的有效活动范围在离巢穴 2.5 千米以内，向上飞行的高度 1 千米，并可绕过障碍物；中蜂工蜂的采集半径约 1.5 千米。

一般情况下，蜜蜂在最近的植物上进行采集。在其飞行范围内，如果远处有更多的、可口的植物泌蜜、散粉的情况下，就有蜜蜂舍近求远，去采集该植物的花蜜和花粉，但离蜂巢越远，去采集的蜜蜂就会越少。一天当中，蜜蜂飞行的时间，与植物泌蜜时间相吻合，或与蜜蜂交配等活动相适应。

二、蜜蜂的食物

(一) 蜜蜂食物的种类

蜜蜂专门以花蜜、花粉为食，来自开花植物的蜜腺和花药，它们为蜂群提供能量和蛋白质。蜜源植物越丰富，蜜蜂就越好养；反之，蜜蜂就越难养；没有蜜源，不能养蜂。此外，蜂王和蜜蜂小幼虫，还需要蜂乳（蜂王浆）食物，由工蜂腺体制造。

水不是蜜蜂的食物，但蜂群生存离不开水。西方蜜蜂还采集蜂胶，用于填补蜂巢缝隙、抑制多数微小生物的危害。

(二) 食物获得与加工

1. 花蜜的采集与酿造　花蜜是植物蜜腺分泌出来的一种甜汁，是植物招引蜜蜂和其他昆虫为其异花授粉必不可少的"报酬"。

（1）花蜜的采集　在植物开花时，蜜蜂飞向花朵，降落在能够支撑它的任何方便的部位，根据花的芳香和花蕊的指引找到花蜜聚焦的地方，把喙向前伸出，在其达到的范围内把花蜜吮吸干净（图11）。有时这个工作需要在空中飞翔时完成。

在流蜜期，出巢采集的工蜂数量，一个 6 千克重的蜂群，约为

图 11　采蜜的工蜂

总数的 1/2，一个 2 千克重的约为 1/3.4。如果蜂巢中没有蜂儿可哺育，5 日龄的工蜂也会参与采集工作。在刺槐、油菜、椴树等主要蜜源开花盛期，一个意蜂强群 1 天采蜜量可达 5 千克以上。

蜜蜂采访 1 100~1 446 朵花才能获得一蜜囊花蜜，1 只蜜蜂一生能酿造 0.6 克蜂蜜。

（2）蜂蜜的酿制　花蜜变成蜂蜜，一要经过糖类的化学转变，二要把多余的水分排出。花蜜被蜜蜂吸进蜜囊的同时即混入了上颚腺的分泌物——转化酶，蔗糖的转化从此开始。采集蜂归来后，把蜜汁分给一至数只内勤蜂，接受蜜汁后的内勤蜂，找个安静的地方，头向上，张开上颚，整个喙进行反复伸缩，吐出吸纳蜜珠。20分钟后，酿蜜蜂爬进巢房，腹部朝上，将蜜汁涂抹在整个巢房壁上；如果巢房内已有蜂蜜，酿蜜蜂就将蜜汁直接加入。花蜜中的水分，在酿造过程中通过扇风来排除。如此 5~7 天，经过反复酿造和翻倒，蜜汁不断转化和浓缩，蜂蜜成熟，然后逐渐被转移至边脾，泌蜡封存（图 12）。

图 12　蜂蜜的酿造

2. 花粉的收集与制作　花粉是植物的雄性配子，其个体称为花粉粒，由雄蕊花药产生。饲喂幼虫和幼蜂所需要的蛋白质、脂肪、矿物质和维生素等，几乎完全来自花粉。

（1）花粉的收集　植物开花，花粉粒成熟时，花药裂开，散出花粉。蜜蜂飞向盛开的鲜花，拥抱花蕊，在花丛中跌打滚爬，用全身的绒毛黏附花粉，然后飞起来用 3 对足将花粉粒收集并堆积在后足花粉篮中，形成球状物——蜂花粉，携带回巢（图 13）。

图 13　采粉的工蜂
（朱志强 摄）

工蜂每次收集花粉约访梨花 84 朵、蒲公英 100 朵，历时 10 分钟左右，获得 12～29 毫克花粉。在油菜花期，一个有 2 万只蜜蜂的蜂群，日采鲜花粉量可达到 2 300 克，即群日采粉近 80 000 蜂次以上。1 群蜂 1 年需要消耗花粉 30 千克。

（2）蜂粮的制作　蜜蜂携带花粉回巢后，将花粉团卸载到靠近育虫圈的巢（花粉）房中，不久内勤蜂钻进去，将花粉嚼碎夯实，并吐蜜湿润。在蜜蜂唾液和自然乳酸菌的作用下，花粉变成蜂粮（图 14）。巢房中的蜂粮贮存至 7 成左右，蜜蜂添加 1 层蜂蜜，最后用蜡封存，便于长期保存。

3. 蜂乳的来源与使用　蜂乳是工蜂舌腺和上颚腺将蜂蜜和花粉转化而来，喂幼虫的中蜂乳，饲蜂王的叫蜂王浆。正常情况下，

图 14 蜂 粮

1 只越过冬天的工蜂，分泌蜂乳的量只够养活 1 条小幼虫，春天新出生的工蜂可以养活近 4 条小幼虫；在生产上，每年每群意蜂可生产蜂王浆 1～2 千克，浙江浆蜂 6～8 千克。

4. 水 水由工蜂采集，现采现用，而且不能贮存。在越冬期间，蜂群活动减少，其生命代谢水能满足需要；在活动季节，蜂群需要从外界获得水分。

三、蜜蜂的语言交流

（一）本能与反射

即蜜蜂适应性反应。本能受内分泌激素的调节，如蜂王产卵、工蜂筑巢、采酿蜂蜜和蜂粮、饲喂幼虫等都是本能表现；反射是对刺激产生的活动或表现，如遇敌蜇刺、闻烟吸蜜。

本能不会消失，条件反射得之容易，失之也快。

（二）信息外激素

是蜜蜂外分泌腺体向体外分泌的多种化学通讯物质，这些物质借助蜜蜂的接触或空气传播，作用于同种的其他个体，引起特定的行为或生理反应。主要有蜂子信息素、蜂蜡信息素和蜂王信息素等。

1. 蜂子信息素 由蜜蜂幼虫和蛹分泌散布，主要成分是脂肪族酯和 1,2-二油酸-3-棕榈酸甘油酯等，可区分雌雄，刺激工蜂积极工作。

2. 蜂蜡信息素 新造巢脾散发出的挥发物，促进工蜂积极工作。

3. 蜂王信息素 由蜂王上颚腺分泌，通过饲喂传播，起着蜂群团结和抑制工蜂卵巢发育的作用。

4. 工蜂臭腺素 当蜜蜂受到威胁时，就高翘腹部，伸出螫针向来犯者示威，同时露出臭腺（图15），扇动翅膀，将似香蕉的气味报告给伙伴，于是，群起攻击来犯之敌。

图15 工蜂翘腹蜂发臭
（引自 徐连宝）

蜂王的召唤

在植物开花泌蜜期，蜂王年轻、蜂巢内有适量幼虫、积极造脾会增加蜂蜜产量。

（三）蜜蜂的舞蹈

蜜蜂在巢脾上用有规律的跑步和扭动腹部来传递信息（图16）。

图 16　蜜蜂的"舞蹈"

（引自 Biology：Life on Earth，third edition）

1. 圆舞　蜜蜂在巢脾上快速左右转圈（图 17），向跟随它的同伴报告丰美的食物就在附近。

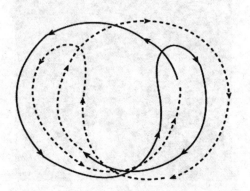

图 17　圆舞（箭头代表工蜂踏步的方向）

（引自 周冰峰）

2. "8"字舞　蜜蜂在巢脾上沿直线快速摆动腹部跑步，然后转半圆回到起点，再沿这条直线小径重复舞动跑步，并向另一边转半圆回到起点，如此快速转"8"字形圈（图 18），向跟随它的同伴诉说甜蜜还在远方，鲜花在它的头和太阳连线与竖直线交角相对应的方向上。于是，蜂群将食物搬运回家。

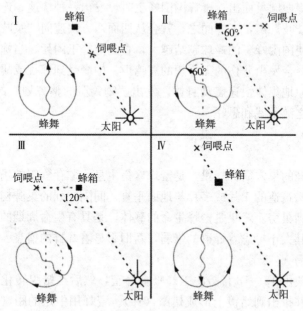

图18 蜜蜂"8"字舞

(引自 周冰峰)

食物越丰富、越适口（甜度与气味）、距离越近，舞蹈蜂就越多、跳舞就越积极、单位时间内直线跑次数就越多（表1）。

表1 蜜蜂摆尾舞直线跑次数与距离的关系

距离（米）	每15秒直线跑次数
100	9～10
600	7
1 000	4
6 000	2

当一个新的蜜蜂王国诞生（分蜂）时，蜜蜂通过舞蹈比赛来确定未来家园的位置。

（四）蜜蜂的声音

蜜蜂跳分蜂舞时的"呼呼"声，似分蜂出发的动员令，呼声发出，蜜蜂便倾巢而出。蜜蜂围困蜂王时，发出一种快速、连续和刺耳的"吱吱"声，工蜂闻之，就会从四面八方快速向"吱吱"声处集中，使围困蜂王的蜂球越结越大，直到把蜂王闷死。当蜂王丢失时，工蜂会发出悲伤的无希望的哀鸣声。中蜂受到惊扰或胡蜂进攻时，在原地集体快速震动身体，发出"唰唰"的整齐划一的蜂声，向来犯之敌示威和恐吓。

四、蜂巢的生命周期

蜜蜂的巢穴简称蜂巢，是蜜蜂繁衍生息、贮存食粮的场所，由工蜂泌蜡筑造的 1 片或多片与地面垂直、间隔并列的巢脾构成，巢脾上布满巢房。蜂巢是蜜蜂生命的载体，是具有生命周期的。一般说来，其大小标志着蜂群的强弱，新旧彰显着蜂群的盛衰。

(一)蜜蜂筑巢

一般由 12～18 日龄的工蜂吸食蜂蜜，然后经蜡腺转化成蜂蜡液体，并排出到蜡镜上形成蜡鳞（片）。蜜蜂用中足的距（加长加粗的特殊体毛）、后足的爪截取蜡鳞，经前足送到上颚，通过咀嚼并混入上颚腺的分泌物后，把变成海绵状的蜡块有规律地砌成巢房。工蜂巢房和雄蜂巢房呈正六棱柱体，巢房朝房口向上倾斜9°～14°；房底由 3 个菱形面组成，3 个菱形面分别是反面相邻 3 个巢房底的1/3；房壁是同一面相邻巢房的公用面。由巢房形成巢脾，再由巢脾组成半球形的蜂巢（自然状态）。层层叠叠的巢房，每一排房孔都在同一条直线上，规格如一，洁白、美观，而且这样的结构能最有效地利用空间，坚固且省材料。

自然蜂巢，是从顶端附着物部位开始建造，然后向下延伸。人工蜂巢，蜜蜂密集在人工巢础上造脾。

(二)自然蜂巢

1. 蜂巢 野生的东方蜜蜂和西方蜜蜂常在树洞、岩洞等黑暗的地方建筑巢穴，通常由 10 余片互相平行、垂直地面、彼此保持一定距离的巢脾组成，巢脾两面布满正六边形的巢房，每一片巢脾的上缘都附着在洞穴的顶部，中间巢脾最大，越向两侧越小，使蜂巢的形状多呈半椭圆形（图 19）。西方、东方蜜蜂有时也在树枝下面露天筑巢，但受敌害、气候等的影响，很难生存下去。

图 19　建筑在木箱中的中蜂巢穴

2. 巢脾　单片巢脾的中下部为育虫区，上方及两侧为贮粉区，贮粉区以外至边缘为贮蜜区。从整个蜂巢看，中下部（蜂巢的心）为培育蜂儿区，外层（蜂巢的边或壳）为饲料区（图 20）。蜂群如此安置育儿区与贮食区，既有利于保持育儿区恒定的温度和湿度，也便于取食物喂幼虫。

图 20　小蜜蜂蜂巢

3. 更新　蜂巢越新，蜂群越有活力。新脾巢房色泽鲜艳，房壁薄，容量大，不污染蜂蜜（图 21），不传播疾病，不易滋生巢虫，培育的工蜂个头大身体壮；蜂巢越旧，蜂群越无朝气。巢脾越旧，巢房越小，房壁越厚，颜色越黑（图 22），养出的蜜蜂个体小，还易滋生虫病。

图 21　新脾巢房

图 22　旧脾巢房

　　自然情况下的中蜂啃撕旧脾，受到疾病困扰而逃跑重新建巢，从而获得新生；大蜜蜂、黑色大蜜蜂、小蜜蜂、黑色小蜜蜂遗弃隔年蜂巢，以及蜜蜂的天敌胡蜂也是年年除旧迎新，这些事实表明，为了健康、繁衍种群和获得竞争优势，蜂群必须定期更新蜂巢。

蜜蜂造脾扩大蜂巢，表示蜂群健康兴旺，蜂巢越大群势越强；反之，蜂群问题百出，逐渐走向衰弱。

（三）人工蜂巢

1. 蜂巢特点 人工饲养的东方蜜蜂和西方蜜蜂，生活在人们特制的蜂箱内，巢房建筑在活动的巢框里，巢脾大小规格一致，既适合蜜蜂的生活习性，又便于养蜂生产和管理操作（图 23、图24）。其他特点同野生的东、西方蜜蜂。

图 23 人工蜂巢——蜂箱

图 24 巢 脾

2. 更新 从某种意义上讲，蜂巢是蜂群生命体的一部分，巢脾更新越快，其生命力越旺盛。因此，意蜂巢脾 2 年更换 1 次，中蜂巢脾则年年更换。

做到当年新脾繁殖、旧脾装蜜，是蜜蜂健康养殖的重要措施之一。

装满花粉的褐色巢脾导热系数仅为 1.4，利于早春蜂群繁殖、蜜蜂保温。

五、蜜蜂的生命活动

每一只蜜蜂都是群体的一分子，一生经过卵、幼虫、蛹和成虫 4 个阶段，前 3 个阶段生活在蜂巢中，成虫则分工协作，共同完成生命存续所需要做的一切事情。

（一）蜜蜂个体生命

1. 蜜蜂个体生命周期 同一品种蜜蜂，蜂王、工蜂和雄蜂的生长发育时间、寿命不同；不同品种蜜蜂间的蜂王、工蜂和雄蜂的生长发育时间、寿命也不同。蜜蜂个体，从出生开始履行自己的职责，到死亡结束。

通常，蜜蜂生长发育时间长短和个体寿命还会受到食物、环境和气候等的影响（表 2）。

表 2　中蜂和意蜂发育、生活历期（单位：天）

型别	蜂种	卵期	未封盖幼虫期	封盖期	羽化日	成虫期
蜂王	中蜂 意蜂		5	8	16	1 080～1 800
工蜂	中蜂 意蜂	3	6	11 12	20 21	28～240
雄蜂	中蜂 意蜂		7	13 14	23 24	平均 20

2. 蜜蜂个体性别决定 蜂王在工蜂房和王台基内产下的受精卵，是含有 32 个染色体的合子，经过生长发育成为雌性蜂；由雌性蜜蜂产的未受精卵，其细胞核中仅有 16 个染色体，只能发育成

雄蜂（图 25）。

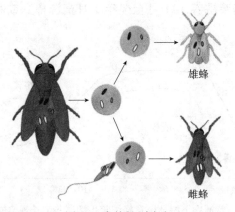

雄蜂

雌蜂

图 25　蜜蜂性别决定

（引自 Biology：The Unity and Diversity of Life，eighth edition）

3. 雌性蜜蜂差异分化　蜂群中工蜂和蜂王这两种雌性蜂，在形态结构、职能和行为等方面存在差异，主要表现在：工蜂具有采集食物和分泌蜂蜡、制造王浆等的器官，但生殖器官退化；蜂王不具有采集食物的器官，无分泌蜂蜡、制造王浆等的特殊腺体，但生殖器官发达，个大，专司产卵。两者发育历期不同，寿命差异很大。造成工蜂和蜂王差异的原因是出生地，工蜂出生于口斜向上、较小的呈正六棱柱体的巢房中，幼虫在最初的 3 天中吃蜂王浆，以后吃蜂粮；而蜂王成长于口向下、呈圆坛形的王台中，幼虫及成年蜂王一直吃的是蜂王浆。

（二）蜜蜂群体生活

1. 蜜蜂群体生命周期　通常蜂群永不消失，一只蜂王从产卵开始，到死亡结束，标示着这一代蜜蜂兴衰，多数 3～5 年时间，随着新的蜂王出生、交配、产卵，新的一代将生命延续下去。因为食物、天敌、自然灾害、竞争等因素，有些蜂群会消失。另外，一代蜜蜂存续期间，分蜂衍生出新蜂群，扩大种群，新的种群按照原有规律生活、繁衍、轮回。

2. 蜂群的一年生活　一年四季，蜂群大小随蜜源、气候变化处在一个动态的平衡中。在我国 2 月前后已有花开，3—10 月蜜源丰富，蜂群繁荣昌盛；11 月至翌年 1 月蜜源稀少或断绝，蜂群越冬（图 26）。

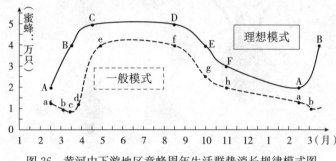

图 26　黄河中下游地区意蜂周年生活群势消长规律模式图

在同一地区，蜂群受气候和蜜源的影响，周年生活可分为成长和断子等阶段。

（1）成长阶段　从早春蜂王产卵开始，到秋末蜂王停卵结束，蜂群中卵、幼虫、蛹和蜜蜂共存，育虫区温度稳定在 34～35℃。一般情况下，蜂群 5 脾蜂开始繁殖，蜂群的生长规律为：从 a→b 约 21 天，老蜂不断死亡，没有新蜂出生，蜂群群势下降；从 b→c 约 10 天，老蜂继续死亡，新蜂开始羽化，蜂群群势还在下降，到达 c 点，蜂群群势下降到全年最低点；从 c→d 约 10 天，新蜂出生数量超过老蜂死亡数量，群势逐渐恢复，到达 d 点，群势恢复到开始繁殖时的规模；从 d→e 约 30 天，群势逐渐上升，到 e 点达到全年最大群势，并开始了蜂蜜、花粉采集储备工作；从 e→f 约 120 天，群势比较平衡，是分蜂和储备食粮的主要时期；从 f→g 约 1 个月，我国北方蜂群群势下降，采集活动停止，这一时期繁殖越冬蜂，喂越冬饲料，准备蜂群越冬；从 g→a 约 135 天，北方蜂群越冬；从 f→h 约 60 天，南方蜂群还在采集茶花；从 h→a 约 75 天，南方蜂群越冬。

在蜂群繁殖过程中，1 只越冬的蜜蜂在春天仅能养活 1 只蜜蜂，春天新出生的 1 只蜜蜂则能养活近 4 只蜜蜂。1 脾子春天羽化

2.5～3 脾蜜蜂，夏天羽化 1.5 脾蜜蜂，秋天羽化 1 脾蜜蜂。

在理想的养蜂模式中，蜂群从 2 万只蜜蜂开始繁殖，不经过下降、恢复等阶段，新蜂出生就进入上升时期，即从 A→B→C→D→E→F→A，全年生产周期增长，3—11 月，增加了采蜜时间。

在主要蜜源植物开花泌蜜期，一个强群 1 天就可采到数千克花蜜，同时可进行取浆、脱粉和造脾等生产。群势大小可以通过技术措施改变，如果 1 个蜂群管理得当，弱群就可以变成强群，如果管理不善，强群则被拖垮成弱群。在相同季节和环境条件下，饲料优质充足、蜂群群势强盛，则培养的蜜蜂个大、体壮、长寿，生病少，省饲料，产量高，繁殖期恢复发展快，能充分利用早春和秋季蜜源。

（2）断子阶段　意蜂和中蜂在外界蜜源断绝、天气长时间处于低温或高温状态时，蜂王停止产卵，群势不断下降，蜜蜂处于半冬眠或少活动状态，这是蜂群周年生活最困难时期，分别称为越冬与度夏。野生大、小蜜蜂，则是冬去春来、夏秋逃难性的迁徙对策来应对寒冷和酷暑。

南方的越冬期短，北方的长，如在河南越冬期 4～5 个月，浙江约 2 个月，而在我国海南没有越冬期。蜂群越冬期除吃蜜活动提高巢温外，不再有其他工作。度夏期仅发生在江浙以南、夏季没有蜜源的地区，约持续 2 个月，蜜蜂只有采水降温活动。进入 21 世纪 20 年代，随着气候变暖，河南也出现了蜂群度夏现象。蜂群度夏难于越冬。

蜜蜂属于变温动物，成年蜜蜂个体体温接近气温，随所处环境温度的变化而发生相应的改变。工蜂个体安全活动的最低临界温度，中蜂为 10℃，意蜂为 13℃；工蜂活动最适气温为 15～25℃，蜂王和雄蜂最适飞翔气温在 20℃以上。卵、幼虫和蛹的生长发育则需要 34～35℃的恒温。

蜂群对环境有较强的适应能力，其巢穴温度相对稳定。蜂群在繁殖期，育虫区的温度在 34～35℃，中壮年和老年工蜂散布在周边较低温度区域；在越冬期，蜂团表面的温度在 6～10℃，蜂团中心的温度在 14～24℃。具有一定群势和充足饲料的蜂群，在－40℃的低温下能够安全越冬，在最高气温 45℃左右的条件下还可以生存。但是，蜜蜂在恶劣环境下生活要付出很多。

蜂群在整个生活周期内，都是以蜂团的方式度过的，冷时蜂团收缩，热时蜂团疏散，这在野生的东、西方蜜蜂种群的半球形蜂巢更为明显。

应对炎夏。蜂巢温度超过蜂群正常生活温度时，蜜蜂常以疏散、静止、扇风、洒水和离巢等方式来降低巢温，长时间高温，蜂王会减少产卵量以减轻工蜂负担，在不能耐受长期高温的情况下会飞逃，如大蜜蜂因气温和蜜源等因素在平原和山区有来回迁移的习性。

抵御严寒。秋末冬初，蜂王逐渐停止产卵，当蜂巢温度降到蜂群正常生活温度以下时，蜜蜂通过密集、缩小巢门、加强新陈代谢等方式升高巢温。在冬季外界气温接近 6～8℃时，蜂群就结成外紧内松的蜂团，内部的蜜蜂产生热量向蜂团外层传输，用以维持蜂团外层蜜蜂的温度。蜂团外层由 3～4 层蜜蜂组成，它们相互紧靠，利用不易散热的周身绒毛形成保温"外壳"。"外壳"里的蜜蜂在得不到足够的温度被冻死时，就被其他蜜蜂替代。

在养蜂生产实践中，高温会缩短成年蜜蜂的寿命，影响采集活动，增加饲料消耗，甚至使巢脾坠毁，给蜂群造成灾难性的后果；而长期低温，同样会增加饲料消耗，影响生产和繁殖。因此，蜂场周围的气温应尽可能适合蜜蜂生活的需要；人对蜂巢温度的影响主要有蜂箱遮阳、运输蜂群、保暖处置、生产花粉、饲喂糖浆、开箱检查等。创造适宜的环境条件，蜂群会给人们带来意想不到的收获。

（3）分蜂时期　自然情况下，当群强、子旺时，工蜂建造王台基，蜂王向王台基中产卵，王台封盖以后至新蜂王羽化之前，老蜂王连同大半数的工蜂结队离开老巢，另建蜂巢生活；原群留下的蜜蜂和所有蜂儿，待新王出房后，又形成一群，这个过程就叫自然分蜂，为蜂群的繁殖方式。

　　分蜂发生在晴朗天气的 10:00—15:00，侦察蜂在巢脾上奔跑舞蹈，发出分蜂信号，准备分蜂的蜜蜂异常兴奋，吃饱蜂蜜，之后匆忙冲出巢门，先是在巢门前低空盘旋，接着出巢蜂越来越多，蜂王爬出巢门飞向空中，接着大队蜜蜂在蜂场上空盘旋，跳着浩大的分蜂群舞，发出的嗡嗡声响彻整个蜂场，形成蜂群繁殖的大合唱。片刻后，分出的蜜蜂便在附近的树杈或其他适合的地方聚集成分蜂团（图 27）。

图 27　分蜂团
（司拴保 摄）

　　通常分蜂团会停留 2～3 小时，其间，侦察蜂在分蜂团表面卖力地表演舞蹈，向追随者诉说新巢穴的方向和距离，通过舞蹈比赛，得到更多的蜜蜂认同。然后，吃饱喝足的蜜蜂结队随侦察蜂在低空缓慢飞行，形成一朵生命的"蜂云"抵达新巢穴，一部分工蜂高翘腹部，发出臭味招引同伴，随着蜂王的进入，蜜蜂便像雨点一样降落下来，涌进巢门。住进新巢穴后，工蜂即开始泌蜡造脾，采集蜂群生活所需要的食粮。一个生机勃勃的新的"蜜蜂王国"诞生，新的团体生活从此开始。

　　原来蜂巢剩下的工蜂，悉心守卫着孕育未来蜂王的皇宫——王台（图 28），耐心地等待着新蜂王的出世，并期待着新蜂王加冕成功。至此，由老蜂王飞离家园到新蜂王交配产卵，才算完成一个新生命的诞生。

图 28　王　台

　　蜂王质量好（产生的蜂王物质多、下的卵多）和工蜂负担重时不易发生分蜂，反之则发生自然分蜂。中蜂比意蜂爱分蜂。

　　在自然分蜂酝酿过程中，工蜂怠工，蜂王产卵减少，分蜂还削弱了群势，这些都会影响生产，分出的蜜蜂有时还会丢失。在饲养管理中，尽量避免自然分蜂的发生。

模块二　养蜂的基础

■ 专题一　合适的工具 ■

一、基本工具

(一) 蜂箱

蜂箱是蜜蜂的住所，是蜂群繁衍生息和制造产品的封闭容器，多数能够向上增加空间，为蜂群遮风挡雨，保护蜂巢。蜂箱样式、大小须符合蜜蜂的生活和生产的需要，目前，使用最为广泛的是通过向上叠加继箱扩大蜂巢的叠加式蜂箱，我国主要有郎氏十框标准蜂箱和中华蜜蜂蜂箱两类。制造蜂箱的木材以杉木和红松为宜（河南省也用桐木制作），并充分干燥。

1. 蜂箱的基本构造　蜂箱由箱盖、副盖、隔板、巢门板、巢框、箱体等部件和闸板等附件构成（图29）。

（1）箱盖　在蜂箱的最上层，用于保护蜂巢免遭烈日的曝晒和风雨的侵袭，并有助于箱内维持一定的温度和湿度。

（2）副盖　盖在箱体上，使箱体与箱盖之间更加严密，防止蜜蜂出入。铁纱副盖须配备1块与其大小相同的布覆盖，木板副盖或盖布起保温、保湿和遮光作用。

（3）隔板　形状和大小与巢框基本相同的一块木板，厚度10毫米。每个箱体一般配置1块，使用时悬挂在箱内巢脾的外侧，既可避免巢脾外露，减少蜂巢温湿度的散失，又可防止蜜蜂在箱内多余的空间筑造赘脾。

图 29 （中国）郎氏十框标准蜂箱结构

1. 箱盖　2. 通风窗　3. 盖布　4. 副盖　5. 巢脾　6. 隔板　7. 贮蜜继箱
8. 隔王板　9. 巢箱　10. 小巢门　11. 起落板

（4）巢门板　巢门堵板，具有可开关和调节巢穴口大小的小木块。

（5）箱底　蜂箱的最底层，一般与巢箱联成整体，用于保护蜂巢。定地养蜂，箱底独立（活底），便于管理。有些箱底由底板、脱粉装置、收集杂物和支架构成。

（6）巢框　由上梁、侧条和下梁构成，用于固定和保护巢脾，悬挂在框槽上，可水平调动和从上方提出。意蜂巢框，上梁腹面中央开一条深 3 毫米、宽 6 毫米的槽——础沟，为巢框承接巢础处（图 30）。

（7）箱体　包括巢箱和继箱，都是由 4 块木板合围而成的长方体，箱板采用 L 形槽接缝，四角开直榫相接合。在箱体前后箱壁上沿开 L 形槽——支撑巢框用的槽。

巢箱是最下层箱体，供蜜蜂繁殖（图 31）。继箱叠加在巢箱上方，是用于扩大蜂巢的箱体。继箱的长和宽与巢箱的相同，高度与

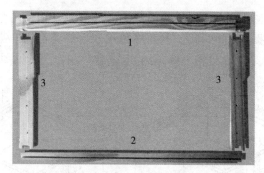

图 30　巢框的结构
1. 上梁　2. 下梁　3. 侧条

巢箱相近，巢框通用的为深继箱，供蜂群繁殖或贮蜜。高度约为巢箱 1/2 的为浅继箱，其巢框也约为巢箱的 1/2，用于生产分离蜜、巢蜜或作饲料箱。

图 31　巢箱与闸板

　　（8）闸板　形似隔板，宽度和高度分别与巢箱的内围长度和高度相同。用于把巢箱纵隔成互不相通的两个或多个区域（图 31），以便同箱饲养两个或多个蜂群。

　　2. 常用蜂箱及参数

　　（1）国内用的意蜂郎氏蜂箱　由巢箱与继箱组成，巢脾通用，适合中国饲养西方蜜蜂，转地放蜂，使用死底（巢箱与箱底钉连在一起），定地养蜂，建议使用活底。郎氏蜂箱，相邻两张巢脾中心距离 35 毫米，框间蜂路、上面蜂路和前后蜂路都为 8 毫米，继箱下蜂路为 5 毫米，巢箱下蜂路约 25 毫米，制作图解见图 32。

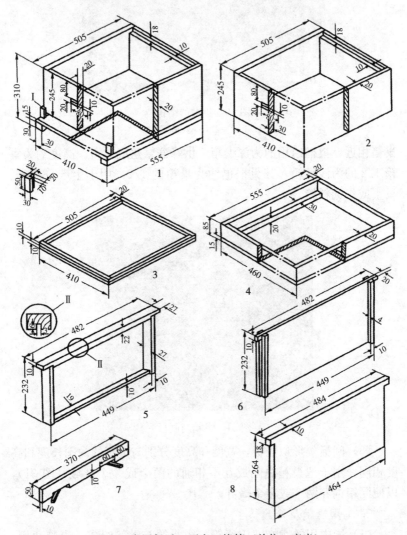

图 32　中国郎氏（死底）蜂箱（单位：毫米）

1. 巢箱　2. 继箱　3. 副盖　4. 箱盖　5. 巢框　6. 隔板　7. 巢门板　8. 闸板

（2）国外用的意蜂郎氏蜂箱（图33） 由繁殖箱和浅继箱组成，都是由4块厚22毫米木板拼接的立方体。前者主要用于繁殖，内围长465毫米、宽380毫米、高243毫米；后者用于蜂蜜生产，生产分离蜜。浅继箱高度有144毫米、154毫米、168毫米、194毫米，生产巢蜜的有114毫米、122毫米、140毫米、144毫米、168毫米等。

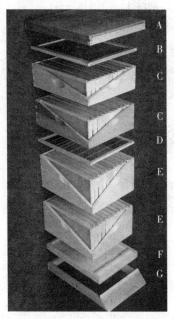

图33 国外郎氏蜂箱
A. 箱盖 B. 副盖 C. 浅（贮存蜂蜜）箱体 D. 隔王板
E. 深（繁殖）箱体 F. 箱底 G. 箱架

活动箱底，有些带箱架，在箱底设有通风架和脱粉装置，以及在箱盖下加上1个箱顶饲喂器等（图34）。适合意大利蜂定地饲养，进入21世纪以来，我国倾向使用这种箱型养蜂。多变的箱底，可用于生产蜂花粉，清扫杂物。

近两年来，随着我国大力开发、推广多箱体成熟蜜生产进程，定地和小转地蜂场，逐步将双箱体养蜂改为多箱体、活底箱生产，

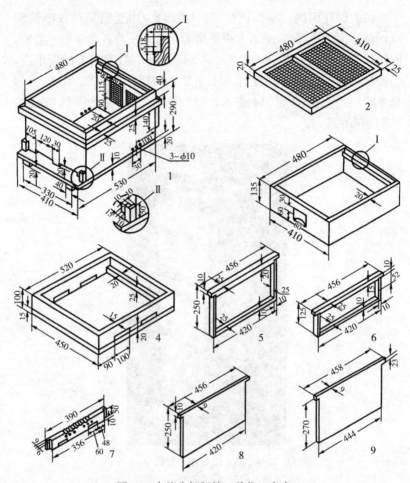

图 34　中蜂十框标箱（单位：毫米）
1. 巢箱　2. 副盖　3. 浅继箱　4. 箱盖　5. 巢箱巢框
6. 浅继箱巢框　7. 巢门板　8. 隔板　9. 闸板

产量没有降低，蜂蜜质量得到大幅提高。

（3）中蜂蜂箱　我国中蜂分为北方中蜂、海南中蜂等 9 个地理类型，分别适应当地气候、蜜源环境。中蜂有野生有家养，人工养殖方面，有活框饲养、无框饲养并存，蜂箱样式、大小不一，这些蜂箱各自对应相关地区或者养蜂师傅使用。

中蜂十框标准蜂箱，即 GB 3607—83 蜂箱，20 世纪 80 年代制订（图 34）。采用这种蜂箱，早春双群同箱繁殖，采蜜期使用单王和浅继箱生产。

（4）授粉专用蜂箱 放置 3～5 脾、容纳 7 500～12 500 只蜜蜂的木质或塑料蜂箱。这种蜂箱还可作育种交配箱使用。

（二）框、础

即巢框和巢础，合在一起称巢础框，是蜜蜂建造巢脾的支撑与基础。

1. 巢框 由上梁、下梁和两根侧条组成的上梁带耳的四方形木框，根据蜜蜂特性决定巢框大小和厚度。

2. 巢础 采用蜂蜡或无毒塑料制造的具有蜜蜂巢房房基的蜡片（图 35），使用时镶嵌在巢框中，工蜂以其为基础分泌蜡液将房壁加高而形成完整的巢脾。巢础可分为意蜂巢础和中蜂巢础、工蜂巢础和雄蜂巢础、巢蜜巢础等。

图 35 巢 础

现代养蜂生产中，有些用塑料代替蜡质巢础，或直接制成塑料巢脾代替蜜蜂建造的蜡质巢脾。

二、生产工具

（一）取蜜器械

1. 取蜜机 利用离心力把蜜脾中的蜂蜜甩出来的机具。

（1）弦式取蜜机　蜜脾在分蜜机中，脾面和上梁均与中轴平行，呈弦式排列的一类分蜜机。目前，我国多数养蜂者使用两框固定弦式取蜜机（图36），特点是结构简单、造价低、体积小、携带方便，但每次仅能放2张脾，需换面，效率低。

图36　分蜜机——两框固定弦式分蜜机
1. 桶盖　2. 桶身　3. 框笼　4. 摇柄　5. 传动机构

（2）辐射式取蜜机　多用于专业化大型养蜂场，以及生产成熟蜂蜜。蜜脾在取蜜机中，脾面与中轴在一个平面上，下梁朝向并平行于中轴，呈车轮的辐条状排列，蜜脾两面的蜂蜜能同时分离出来（图37）。

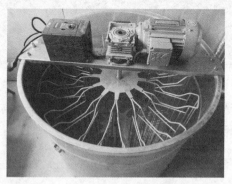

图37　分蜜机——辐射式分蜜机

（3）压榨式取蜜机 提取无框养殖蜜蜂的蜂蜜，常用螺旋榨蜜器榨取，或用机器榨出。

2. 脱蜂器 常用清扫或吹拂的方法清除附着在巢脾上的蜜蜂，有蜂刷和吹风机两种。

（1）蜂刷 我国通常采用白色的马尾毛和马鬃毛制作蜂刷（图38），刷落蜜脾、产浆框和育王框上的蜜蜂。

图 38 蜂 刷

（2）吹风机 由 1.47～4.41 千瓦的汽油机或电动机作动力，驱动离心鼓风机产生气流，通过输气管从扁嘴喷出，将支架上继箱里的蜜蜂吹落。

3. 割蜜刀 采用不锈钢制造，长约 250 毫米、宽 35～50 毫米、厚 1～2 毫米，用于切除蜜房蜡盖。

电热式割蜜刀刀身长约 250 毫米、宽约 50 毫米，双刃，重壁结构，内置 120～400 瓦的电热丝，用于加热刀身至 70～80℃。

4. 过滤器 由 1 个外桶、4 个网眼大小不一（20～80 目）的圆柱形过滤网等构成。

5. 巢蜜生产工具 有巢蜜盒和巢蜜格 2 种（图39），用时镶嵌在巢框（或支架）中，并与小隔板共同组合在巢蜜继箱中，供蜜蜂贮存蜂蜜。

（二）脱粉工具

我国生产上使用巢门式蜂花粉截留器，与承接蜂花粉的集粉盒组成脱粉装置（图40），截留器的孔径一般在 4.6～4.9 毫米，4.6 毫米孔径的仅适合中蜂脱粉使用，4.7 毫米孔径的只适合干旱、花粉团小的季节意蜂脱粉使用，4.8～4.9 毫米孔径的适合西方蜜蜂脱粉使用。蜜蜂通过花粉截留器的孔进巢时，后足两侧携带的花粉

图 39　巢蜂生产工具
左：巢蜜盒　右：巢蜜格

团被截留（刮）下来，落入集粉盒中。截留器刮下蜂花粉团率一般
要求在 75% 左右。

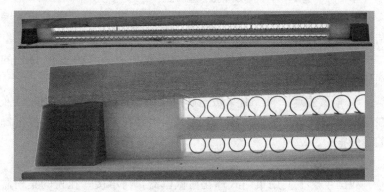

图 40　巢门花粉截留器
上：正面　下：正面局部

　　巢门花粉截留器有从 2～7 排的脱粉孔，目的是为了蜜蜂进出
蜂巢不堵塞、不受闷。

（三）产浆器械

1. 台基　采用无毒塑料制成，多个台基形成台基条（图41、图42）。目前采用较普遍的台基条有33个台基。

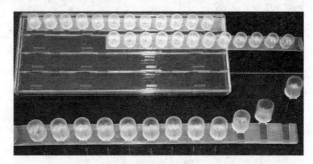

图41　塑料台基——带有底座的王台王浆专用台基

图42　塑料台基
上：双排浆条　下：浆条局部

2. 移虫笔　把工蜂巢房内的蜜蜂幼虫移入台基育王或产浆的工具。采用牛角舌片、塑料管、幼虫推杆、弹簧等制成（图43）。

图43　移虫笔

3. 王浆框　用于安装台基条的框架，采用杉木制成。外围尺寸与巢框一致，上梁宽 13 毫米，厚 20 毫米；边条宽 13 毫米，厚 10 毫米；台基条附着板宽 13 毫米，厚 5 毫米（图 44）。

图 44 王浆框

4. 刮浆板 由刮浆舌片和笔柄组装构成（图 45）。刮浆舌片采用韧性较好的塑料或橡胶片制成，呈平铲状，可更换，刮浆端的宽度与所用台基纵向断面相吻合；笔柄采用硬质塑料制成，长度约100 毫米。

图 45 刮浆板

5. 镊子 不锈钢小镊子（图 46A），用于捡拾王台中的蜂王幼虫。

6. 王台清蜡器 由形似刮浆器的金属片构成，有活动套柄可转动，移虫前用于刮除王台内壁的赘蜡（图 46B）。

生产蜂王浆还需要割蜜刀，用于削除加高的王台台壁。用食品级塑料制作的塑料瓶或 5L 塑料壶盛装蜂王浆等。

近年来，市场上出现多款多功能取浆机、挖浆机、移虫机、捡虫机和割台机等，受机械制造水平、配套养殖技术的影响，这些提高蜂王浆生产效率的机械，多数没有普及市场。

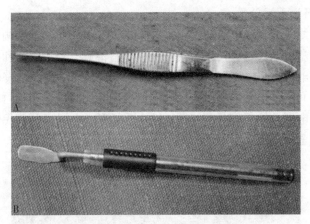

图 46　A. 镊子　B. 王台清蜡器

（四）集胶器械

尼龙纱网取胶，多采用 40～60 目的无毒塑料尼龙纱，置于副盖下或覆布下。副盖式采胶器（图 47），相邻竹丝间隙 2.5 毫米，一方面作副盖使用，另一方面可聚积蜂胶。使用尼龙纱或副盖式采胶器取胶，一次采胶 100 克左右、污染少、杂质少、质量高、产量高。

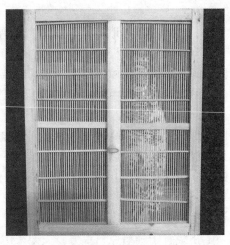

图 47　副盖式采胶工具

（五）采毒器具

蜜蜂电子自动取毒器由电网、集毒板和电子振荡电路构成。电网采用塑料栅板电镀而成。集毒板由塑料薄膜、塑料屉框和玻璃板构成。电源电子电路以 3 伏直流电（2 节 5 号电池），通过电子振荡电路间隔输出脉冲电压作为电网的电源，同时由电子延时电路自动控制电网总体工作时间（图 48）。近年来，也用麻布替代塑料薄膜收集蜜蜂毒液。

图 48　蜜蜂电子取毒器

（六）提蜡工具

蜂场从旧巢脾、废蜡渣等提取蜂蜡，所用工具有电热榨蜡器、螺杆榨蜡器和日光晒蜡器，以螺杆榨蜡器常用。

螺杆榨蜡器以螺杆下旋施压榨出蜡液，它的出蜡率和工作效率均较高。我国使用的螺杆榨蜡器由榨蜡桶、施压螺杆、上挤板、下挤板和支架等部件构成（图 49）。榨蜡桶采用厚度为 2 毫米的铁板制成，桶身呈圆柱形，直径约 350 毫米，内面间隔装置有木条，在桶内壁上构成许多纵向的长槽，以利于榨出的蜡液下流；桶身侧壁下部有 1 个出蜡口。施压螺杆采用直径约 30 毫米的优质圆钢车制而成，榨蜡时用于下旋对蜂蜡原料施压挤榨。上、下挤板采用金属制成，其上有许多孔或槽，供导出提炼出的蜡液。榨蜡时，下挤板置于桶内底部，上挤板置于蜂蜡原料上方。支架采用金属或坚固的木材制成，用于装置螺杆和榨蜡桶。

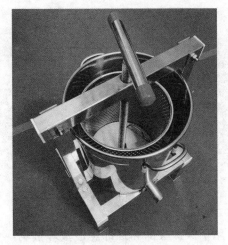

图 49　螺杆式榨蜡器

三、辅助工具

(一) 管理工具

1. 起刮刀　采用优质钢锻成，用于开箱时撬动副盖、继箱、巢框、隔王板和刮铲蜂胶、赘脾及箱底污物、起小钉等，是管理蜂群不可缺少的工具（图 50）。

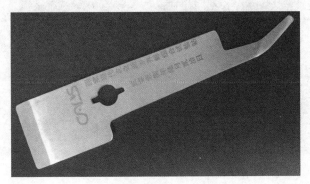

图 50　起刮刀

2. 巢脾夹　用不锈钢制造，用于抓起巢脾（图 51）。

图 51　巢脾夹

(二) 防护工具

1. 蜂帽　用于保护头部和颈部免遭蜜蜂蜇刺,有圆形和方形两种 (图 52),其前向视野部分采用黑色尼龙纱网制作。圆形蜂帽采用黑色纱网和尼龙网制作,为我国养蜂者普遍使用;方形蜂帽由铝合金或铁纱网制作,多为国外养蜂者采用。

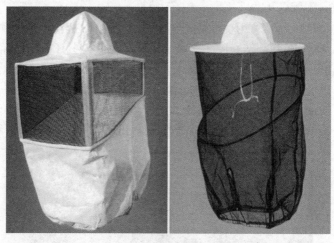

图 52　蜂帽

2. 喷烟器　风箱式喷烟器由燃烧炉、炉盖和风箱构成 (图 53),燃烧艾草、木屑、松针等喷发烟雾镇压蜜蜂的反抗。

图 53　喷烟器

3. **艾草绳**　群众用艾草编成
绳状，便于携带、使用，点燃一头
熏蜂，方便持久，无污染；或管理
时使用香熏，效果亦佳。

4. **蜂衣**　采用白布缝制，袖
口和下（或裤脚）口都有松紧带，
以防蜜蜂进入。养蜂工作衫常与
蜂帽连在一起，蜂帽不用时垂挂
于身后。养蜂套服通常制成衣裤
连成一体的形式，前面装拉链
（图 54）。

5. **防护手套**　由质地厚、密
的白色帆布缝合制成（图 55），
长及肘部，端部沾有橡胶膜或直
接用皮革制成，袖口采用能松紧
的橡胶带缩小缝隙，用于保护
手部。

图 54　防蜂服

图 55　防蜇手套

（三）饲喂工具

流体饲料饲养器，用来盛装糖浆、蜂蜜和水供蜜蜂取食。

1. 塑料喂蜂盒　由小盒和大盒组成，小盒喂水，大盒喂糖浆（图 56）。

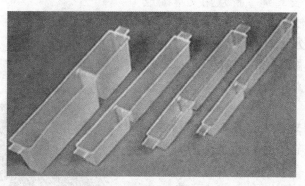

图 56　塑料喂蜂盒

2. 巢门喂蜂器　由容器（瓶子）和吮吸区组成（图 57）。

3. 箱顶喂蜂器　采用木板或塑料制成，呈矩形，长度和宽度与箱体相同，高度 60～100 毫米，盛装糖浆 6.8～9 升。内部用可拆卸的隔蜂网罩分成 2 个区，罩内为蜜蜂摄食区，蜂巢与喂蜂器由通道相连；罩外为贮蜜区（图 58）。使用时置于箱体与副盖之间供蜜蜂取食。它具有容量大、便于蜜蜂取食、饲喂时不必开箱和常年可寄放于蜂箱上等优点，在国外使用较多。

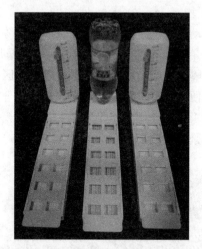

图 57 巢门喂蜂器

图 58 箱顶喂蜂器

1. 用法 2. 副盖 3. 加料孔 4. 正面观 4/1. 贮存糖浆槽 4/2. 隔蜂网罩
4/3. 蜜蜂吮吸区 5. 背（下）面观，示蜜蜂通道

(四）限王工具

限制蜂王活动范围的工具，有隔王板和王笼等。

1. 隔王板 有平面和立面 2 种，均由隔王栅片镶嵌在框架上构成。它使蜂巢隔离为繁殖区和生产区，即育虫区与贮蜜区、育王区、产浆区，以便提高产量和质量，实施具体管理方案。

（1）平面隔王板 使用时水平置于上、下两箱体之间，把蜂王限制在育虫箱内繁殖（图 59）。

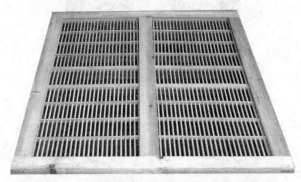

图 59 平面隔王板

（2）立面隔王板 使用时竖立插于巢箱内，将蜂王限制在巢箱选定的巢脾上产卵繁殖（图 60）。

图 60 立面隔王板

2. 拼合限王板 由立面隔王板和局部平面隔王板构成，把蜂王限制在巢箱特定的巢脾上产卵，而巢箱与继箱之间无隔王板阻拦，让工蜂顺畅地通过上下继箱，以提高效率。在养蜂生产上，应用于雄蜂蛹的生产和机械化或程序化的蜂王浆生产（图 61）。

图 61　拼合限王板
（张留生 摄）

3. 王笼 秋末、春初断子治螨和换王时，常用来禁闭老王或包裹报纸介绍蜂王（图 62）。

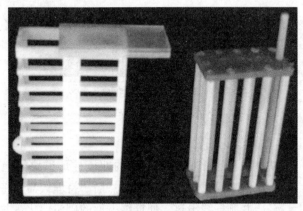

图 62　王　笼

4. 蜂王节育套 由软塑料小管制作（图 63），直径约 4.5 毫米，一侧裁开，一端略微收缩。使用时套在蜂王腹部，缩小的一端卡在腹柄处。

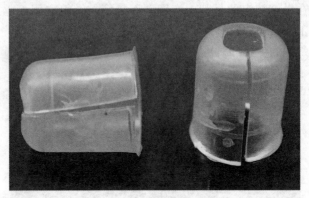

图 63　蜂王产卵节育套

（五）上础工具

1. 埋线板　由 1 块长度和宽度分别略小于巢框的内围宽度和高度、厚度为 15～20 毫米的木质平板，配上两条垫木构成（图 64）。埋线时置于框内巢础下面作垫板，并在其上垫一块湿布（或纸），防止蜂蜡与埋线板粘连。

图 64　埋线板

2. 埋线器　将框线嵌入蜂蜡巢础中。

（1）烙铁埋线器　由尖端带凹槽的四棱柱形铜块配上手柄构成。使用时，把铜块端置于火上加热，然后手持埋线器，将凹槽扣在框线上，轻压并顺框线滑过，使框线下面的础蜡熔化，并与框线黏合。现在有由电供热、无锥形头的烙铁式埋线器，使用方便。

（2）齿轮埋线器　由齿轮配上手柄构成。齿轮采用金属制成，齿尖有凹槽。使用时，凹槽卡在框线上，用力下压并沿框线向前滚动，即可把框线压入巢础。现在有由电供热的齿轮埋线器（图65）。

图65　电加热齿轮式埋线器

（3）电热埋线器　电流通过框线时产生热量，将蜂蜡熔化，断开电源，框线与巢础黏合（图66）。输入电压220伏（50赫兹），埋线电压9伏，功率100瓦，埋线速度为每框7~8秒。

图66　电热埋线

3. 础沟罐蜡器　用于将巢础固定在巢框上梁腹面或础线上（图67）。

蜡管：采用不锈钢制成，由蜡液管配上手柄构成。使用时，把蜡管插入熔蜡器中装满蜡液，握住蜡管的手柄，并用大拇指压住蜡液管的通气孔，然后提起灌蜡。灌蜡时将蜡液管的出蜡口靠在巢框

图 67 巢础固定器
1. 蜡管 2. 压边器 3. 巢蜜础轮

上梁腹面础沟口上，松开大拇指，蜡液即从出蜡口流出，沿着槽口移动灌蜡。整个础沟都灌上蜡液，即完成巢框的灌蜡固定巢础工作。

4. 压边器 由金属辊配上手柄构成（图 67），用于将巢础压粘在巢框上或巢蜜格础线上。

（六）收捕工具

收集分蜂团的工具。

1. 尼龙捕蜂网 由网圈、网袋、网柄三部分组成。网柄由直径 2.6～3 厘米，长为 40 厘米、40 厘米、45 厘米的三节铝合金套管组成，端部有螺丝，用时拉开、螺紧，长可达 110 厘米，不用时互相套入，长只有 45 厘米，似雨伞柄。网圈用四根直径 0.3 厘米、长 27.5 厘米的弧形镀锌铁丝组成，首尾由铆钉轴相连，可自由转动，最后两端分别焊接与网柄端部相吻合的螺丝钉和能穿过螺丝钉的孔圈，使用时螺丝钉固定在网柄端部的螺丝上。网袋用白色尼龙纱制作，袋长 70 厘米，袋底略圆，直径 5～6 厘米，袋口用白布镶在网圈上（图 68）。

使用时用网从下向上套住蜂

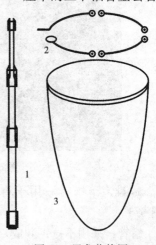

图 68 尼龙收蜂网
1. 网柄 2. 网圈 3. 网袋

团，轻轻一拉，蜂球便落入网中，顺手把网柄旋转 180°，封住网口，提回，收回的蜜蜂要及时放入蜂箱。

2. 收蜂笊篱 适合中蜂的收捕。用荆条编成长 30 厘米左右、宽约 20 厘米的手掌状笊篱，笊篱两侧略向内卷，中央腹面略凹进，末尾收缩成柄，并在笊篱的中央系上 2～3 布条，以便蜜蜂攀附（图 69）。

图 69 笊 篱

另外，还使用收蜂斗（图 70）等收拢蜂群。

图 70 收蜂斗

（七）运蜂工具

1. 固定工具 把箱内巢脾和隔板等部件与箱体、上下箱体间连成牢固的整体，以抵御运输途中各种振动，保证蜜蜂安全运输。

（1）巢框的固定　有距离卡、框卡条、海绵条（图71）。

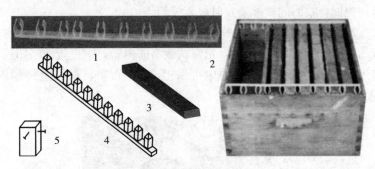

图 71　巢框固定工具

1. 弹性框卡条　2. 框卡条用法　3. 海绵条　4. 木质框卡条　5. 框卡

距离卡：30毫米×15毫米×12毫米的小木块钉上1～2枚小钉构成，装钉巢脾时，将距离卡分别插在近巢框侧条处的框间蜂路和巢脾与箱体侧壁（或隔板）的蜂路上，每端1个，然后用力把巢脾和隔板向箱体一侧推压挤紧，用长约30毫米的圆钉钉牢（须留出钉头，以便于拆卸）。

海绵条：长度与蜂箱内宽相同，宽约20毫米，厚约15毫米，长约380毫米。每个箱体2条，置于框耳上方，巢箱的巢脾靠继箱的重力下压海绵条固定，继箱的巢脾则要通过副盖或箱盖对箱体的压力，挤压海绵条固定。

另外，还可用铁钉从蜂箱前后壁穿过箱壁钉牢巢脾侧条。

（2）箱体的连接　常见的有插接、扣接和机械结合绳索捆绑3种（图72）。另外，还可用竹片左右箱壁上下八字钉牢蜂箱。

2. 运载工具　蜂箱装载机与底座相结合，将成组摆放在底座上的蜂群，装上运输车或从车上卸下来。

放蜂车由驾驶室、生活和工作车间、车厢组成（图73）。配置车载GPS卫星导航、车厢前部拥有独立的生活空间、车顶设有太阳能发电系统、液晶电视、冰柜、燃气热水器、空调等现代化设施，车厢设有蜂箱移动、固定装置，可装载蜂群200箱左右，携带蜂蜜5吨左右。

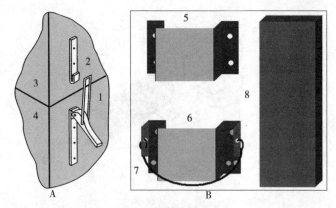

图 72 箱体连接工具

A. 箱扣式 B. 插销式

1. 扣钩 2. L 形槽 3. 上箱体 4. 下箱体 5. 上插槽 6. 下插槽 7. 耳 8. 插销

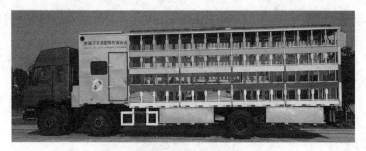

图 73 放蜂车

（八）保护工具

防治蜂病和保护蜜蜂的工具。

1. 治螨器 由加热装置、喷药装置、防护罩和塑料器架等部件组成（图 74），药液在输送到喷雾口的过程中被加热雾化，通过巢门或缝隙喷入蜂箱防治螨。

使用时，采用丁烷气作燃料，选择双甲脒药液。首先检查丁烷气阀门处于关闭状态，然后旋下气罐容器，放进刚打开盖的丁烷气罐，并立即把该容器重新装好。接着旋下药液罐，装满双甲脒药液（如药液含有杂质，则必须经过过滤处理）并装好。打开丁烷气的阀门，点火，预热蛇形管约 2 分钟，再按压塑料器架上部的按钮，

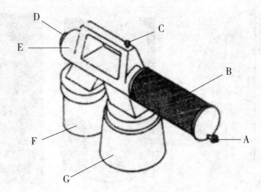

图 74　治螨器
A. 药汽喷口　B. 防护罩　C. 按钮　D. 气体阀门调节器
E. 塑料器架　F. 丁烷气罐容器　G. 药液罐
（引自 方文富）

将药液送入被加热的蛇形管汽化，同时，把喷汽嘴对准蜂箱巢门，经雾化的药液喷入蜂巢进行治螨。

注意事项：在使用过程中，当药液雾化颗粒较大时，应停止送药，升高蛇形管温度，再送药，使其充分汽化，提高治螨效果。

2. 手动药液喷雾器　由喷头、药罐、压力杆组成（图 75），根

图 75　手动喷雾器

据比例配好药液装入药罐，旋紧喷头，用手对压力杆施力，药液由喷头呈雾状射出，用于防治蜂螨等。

■ 专题二 丰富的蜜源 ■

一、蜜源植物概述

蜜源植物一般是指能为蜜蜂提供花蜜、花粉的植物，也泛指能为蜜蜂提供各种采集物的植物，如蜂胶、甘露、有毒花蜜等。此外，在某些年份和特定地区，一些蚜虫等能给蜜蜂提供蜜露。蜜蜂的主要食料来自蜜源植物的花——花蜜腺分泌的花蜜和花药产生的花粉。

(一) 蜜源花的结构特征

一朵花通常由花柄（梗）、花托、花萼、花冠、雄蕊、雌蕊和蜜腺等部分组成（图76）。

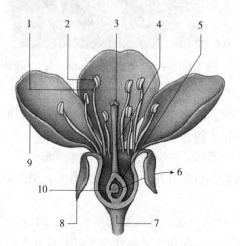

图76 桃花的结构

1. 花丝　2. 花药　3. 柱头　4. 花柱　5. 子房　6. 胚珠
7. 花柄　8. 花萼　9. 花瓣　10. 蜜腺点

（引自 Biology：The Unity and Diversity of Life，eighth edition）

（二）泌蜜和散粉的机理

1. 花蜜的产生　绿色植物光合作用所产生的有机物质，首先用于供给自身器官营养以及生命活动过程的消耗，然后将剩余部分积累并贮存于某些器官的薄壁组织中，在开花时，则以甜汁的形式通过蜜腺分泌到体外，即花蜜（图77）。

图 77　花蜜的产生——蜜腺（一品红）与分泌的甜汁

2. 花泌蜜生理　木本植物的花蜜常来自前一年或前一个生长季节所贮存的营养物质，如椴树；草本植物或者农田作物开花泌蜜所利用的主要是来源当年生长发育所积累的物质，如二年或多年生草本蜜源。土壤肥沃，水分充足，草本植物或农田作物长势强壮，不疯长，无病害，植物开花时有适宜的温度、雨水，则泌蜜丰富，丰收在望。

3. 花粉的产生　花粉是植物的（雄）性细胞，在花药里生长发育，植物开花时，花粉成熟从花药开裂处散放出来。

4. 花散粉生理　开花散粉是开花植物一生的生命过程。花散粉量受植物的生理状况，开花时的温度、湿度影响，还与植物的种类密切相关，如油菜花粉数量多，荔枝、枣、刺槐花粉数量少。

（三）影响泌蜜散粉因素

1. 生长环境 植物生长在南向坡地、沟沿比在阴坡、谷底的泌蜜和散粉多，荆条生长在土层厚的比瘠薄土壤上泌蜜多，荞麦生长在沙壤土上、棉花生长在黑土上，就比生长在其他土壤上开花泌蜜和散粉多。

2. 农业技术 耕作精细、施肥适当、播种均匀合理，使植物生长健壮，分泌花蜜和散粉就多；施用磷钾肥能提高花蜜量。

3. 花的位置 通常花序下部的比上部的花蜜多、粉多，主枝比侧枝的花也是如此。因此，在养蜂生产中要赶花前期，弃花尾期。

4. 大年、小年 椴树、荔枝、龙眼、枣、乌桕等蜜源，在正常情况下当年开花多，结果多，植物体内营养消耗多。之后，在无法得到足够的营养补充时，就会造成第二年花少、蜜少、粉也少；而在人类干预下的果树，大、小年不明显。

5. 光照、气温 植物泌蜜和散粉都需要充足的阳光。如采伐空地和山间旷地的蜜源植物比密林中的分泌的花蜜多，散粉也多。适于植物分泌花蜜的温度为 15～30℃，当温度低于 10℃时，花蜜分泌则减少或停止。荔枝泌蜜适宜温度为 16～28℃，超出这个范围将影响荔枝的泌蜜量；江南油菜、紫云英，本来蜜粉丰富，但花期恰是多雨季节，往往影响花蜜和花粉的产量。昼晴夜雨有利于芝麻开花泌蜜；下一场中雨，能取荆条蜂蜜 2～3 次。

6. 湿度、降雨 适于分泌花蜜的空气相对湿度一般为 60%～80%。荞麦、枣树、椿树等花的蜜腺暴露在外，需要较高的湿度才能泌蜜，湿度越大，泌蜜越多，花粉成熟也是如此；但菊科的蓟类和风毛菊在空气湿度较低的情况下，也能较好地泌蜜和散粉。花期如遇雨天多晴天少，植物泌蜜量减少，也不利于蜜蜂出勤。

7. 风、霾 刮 4 级以上西北风，使东北的荞麦花泌蜜减少或停止，花粉也因刮风使蜜蜂难以采集。相反，刮 1～2 级东南风，对东北荞麦花泌蜜散粉都有利。然而，宁夏固原的荞麦，花期内刮东南风，即干热风（火风），泌蜜减少，散粉不佳。河南息县、固始地区的紫云英花期，如果遭遇黄风天气，泌蜜散粉就结束，同时，引起爬蜂问题；重霾天气，也可引起蜜蜂不适。

8. 人的影响 现代育种技术，加上赤霉素和杀虫剂的毒害，化学肥料广泛应用，使原创下我国蜂蜜最高产的棉花无蜜可采，芝麻蜂蜜产量越来越低，玉米花粉越来越少。

（四）蜜源的分类与调查

1. 蜜源的分类 按采集物种类可分为花蜜植物、甘露植物（主要有河南的槲麻和栾树、云南和海南的橡胶树、福建南平和永安的马尾松等）、蜜露植物、胶源植物（杨柳科、松科、桦木科、柏科和漆树科中的多数种，以及桃、李、杏、向日葵、橡胶树等植物，其芽苞、花苞、枝条和树干的破伤部分，能分泌树脂、胶液并能被蜜蜂采集加工成蜂胶）、粉源植物等。在我国还以生产价值大小分为主要蜜源、辅助蜜源和有害蜜源等。

2. 蜜源的调查 蜜源种类、开花时间、面积大小、分布地区和利用价值，了解蜜源场地的天气情况和蜜源植物的生长好坏、有无大小年、是否受病害，以及当地群众对农药和激素的应用等，然后制订生产计划，确定放蜂路线。

二、蜜源植物各论

（一）作物蜜源

包括粮食作物、油料作物、蔬菜和其他经济作物。

1. 主要作物蜜源 一年或多年生草本植物或灌木，花期受气候影响略有变化。

（1）油菜 十字花科油料作物（图78）。我国南北均广泛栽培，绵阳、成都、青海、甘肃河西走廊是油菜蜜生产基地。1—8月开花，开花期约30天，泌蜜盛期15天左右。秦岭及长江以南地区白菜型油菜在1—3月开花，芥菜及甘蓝型花期为3—4月。华北地区为3—5月，陕西、青海和内蒙古在7—8月开花。油菜花蜜、粉丰富，繁蜂好，花期中可造脾2～3张，强群可取商品蜜10～40千克，产浆2～3千克，脱粉3千克。

图 78 油 菜

（2）芝麻 胡麻科油料植物（图 79）。全国有 66.67 万公顷，河南栽培最多，湖北次之，安徽、江西、河北、山东等省种植面积也较大。7—8 月开花，花期 30 天，夜雨昼晴泌蜜多。芝麻花蜜粉丰富，花期中可产浆 2 千克、脱粉 2 千克和造脾 2 张，驻马店市每群蜂可采蜜 5～30 千克。

图 79 芝 麻

（3）荞麦 蓼科粮食作物。全国每年播种面积约 200 万公顷，分布在甘肃、陕西北部、宁夏、内蒙古、山西、辽宁西部等地。花期 8—10 月，泌蜜 20 天以上。荞麦花泌蜜量大，花粉充足，适宜繁殖越冬蜂，或产浆1～2千克、脱粉2千克和造脾2张，每群能取蜜20～50千克。

（4）向日葵 菊科经济作物，在黑龙江、辽宁、吉林、内蒙古、山西、陕西等地种植较多。7月中旬至8月中旬开花，泌蜜期20天。向日葵花蜜、粉丰富，一般每群蜂可取蜜30～50千克和5千克花粉。需要蜜蜂专门授粉。向日葵花期有垮掉蜂群的现象。

（5）棉花 锦葵科经济作物。我国种植总面积达500万公顷，其中新疆、江苏、湖北、河北、山东、河南常年种植棉花面积均超过60万公顷。在新疆的吐鲁番、南疆种植的海岛棉是著名的棉花蜜源。棉花在7—9月开花，泌蜜盛期40～50天。一般每群蜂可取蜜40～150千克。

药害、赤霉素和抗虫棉使棉花泌蜜减少，或使蜜蜂受到毒害。

（6）党参 桔梗科草本药材蜜源，以甘肃、陕西、山西、宁夏种植较多。党参花期从7月下旬至9月中旬，长达50天。党参花期长、泌蜜量大，3年生党参泌蜜好，每群蜂产量为30～40千克，丰收年高达50千克。

（7）茶叶树 山茶科经济作物，有乔木和灌木（图80）。浙江、福建、云南、河南都有大量种植，10—12月开花。每群蜂可取茶花蜂花粉5千克左右，生产蜂王浆2千克。

图80 茶 花

茶叶树花期，坚持用糖水喂蜂，可减轻花期烂子病症状。

2. **重要辅助作物蜜源**　见表 3。

表 3　重要的辅助作物蜜源

植物	科名	花期（月）	分布	价值（千克）		备注
				蜜	粉	
槿麻	锦葵科	7—8	河南正阳、信阳	35		甘露蜜
荷花	睡莲科	6—9	湖南、湖北、河南		3~4	
小茴香	伞形科	7—8	内蒙古托克托县、山西朔州	35	供繁殖	
韭菜	葱科	8—9	河南浚县	5~8	供繁殖	
烟叶	茄科	7—8	河南、云南	10		
辣椒		7—8	漯河市、三门峡市	5	供繁殖	
冬瓜	葫芦科	7—8	全国各地	10	供繁殖	
西瓜		5—7	广泛栽培	25	2.5	
花椒	芸香科	4—5	山区	15	供繁殖	
玉米	禾本科	6—7	广泛栽培		3~5	
水稻		4—9	广泛栽培		1.5	

（二）果树蜜源

1. **主要果树蜜源**　多年生乔木或灌木，花期受气候影响略有变化。

（1）柑橘　芸香科的常绿乔木或灌木类果树（图 81），分为柑、橘 、橙 3 类。分布在秦岭、江淮流域及其以南地区。多数在 4 月中旬开花。群体花期 20 天以上，泌蜜期仅 10 天左右。意蜂蜂群在 1 个花期内可采蜜 20 千克，中蜂蜂群可收蜜 10 千克。柑橘花粉呈黄色，有利于蜂群繁殖。

蜜蜂是柑橘异花授粉的最好媒介，可提高产量 1~3 倍，通常每公顷放蜂 1~2 群，分组分散在果园里的向阳地段。

柑橘花期天气晴朗，则蜂蜜产量大，反之则减产。

（2）荔枝　无患子科的乔木果树。主要产地为广东、福建、广

图 81　柑橘花

西，其次是四川和台湾，全国约有 6.7 万公顷。1—5 月开花，花期 30 天，泌蜜盛期 20 天。雌、雄开花有间歇期，夜晚泌蜜，泌蜜有大小年现象。荔枝树花多，花期长，泌蜜量大，每群蜂可取蜜 30~50 千克，西方蜜蜂兼生产蜂王浆。

（3）枣树　鼠李科落叶乔木或小乔木（图 82）。分布在河南、山东、河北、陕西、甘肃和新疆等地。枣树在华北平原 5 月中旬至 6 月下旬开花，在黄土高原则晚 10~15 天。整个花期 40 天以上，其中泌蜜时间持续 25~35 天。通常 1 群蜂可采枣花蜜 15~25 千克，最高可达 40 千克。

枣花花粉少，单一的枣花场地，所散花粉不能满足蜜蜂消耗。枣农施农药和赤霉素，使蜜蜂中毒，干旱天气加剧群势下降。

（4）枇杷　蔷薇科常绿小乔

图 82　枣　树
（赵运才　摄）

木果树。浙江余杭、黄岩，安徽歙县，江苏吴县，福建莆田、福清、云霄，湖北阳新等地栽培最为集中。枇杷在安徽、江苏、浙江11—12月开花，在福建11月至翌年1月开花，花期长达30～35天。1群蜂可采蜜5～10千克，在河南蜜蜂采集可补充越冬饲料。枇杷花粉黄色，数量较多，有利于蜂群繁殖。

枇杷在18～22℃、昼夜温差大的南风天气，相对湿度60％～70％泌蜜最多，蜜蜂集中在中午前后采集。刮北风遇寒潮不泌蜜。

（5）龙眼　无患子科常绿乔木、亚热带栽培果树。海南岛和云南省东南部有野生龙眼，以福建、广东、广西栽种最多，其次为四川和台湾。福建的龙眼集中在东南沿海各县市。龙眼树在海南岛3—4月开花，在广东和广西4—5月开花，在福建4月下旬至6月上旬开花，在四川5月中旬至6月上旬开花。花期长达30～45天，泌蜜期15～20天。龙眼开花泌蜜有明显大小年现象，正常情况，每群蜜蜂可采蜜15～25千克，丰年可达50千克。由于龙眼花期正值南方雨季，是产量高但不稳产的蜜源植物；龙眼花粉少，不能满足蜂群繁殖要求。

龙眼夜间开花泌蜜，泌蜜适宜温度为24～26℃。晴天夜间温暖的南风天气，相对湿度70％～80％，泌蜜量大。花期遇北风、西北风或西南风不泌蜜。

2. 重要辅助果树蜜源　见表4。

表4　辅助果树蜜源

植物	科名	花期（月）	分布	价值（千克）		备注
				蜜	粉	
柿树	柿树科	5	黄河中下游各省及华中山区	10		
沙枣	胡颓子科	5—6	东北、华北及西北	5		
板栗	壳斗科	5—6	辽宁、河北、黄河流域及其以南	供繁殖	2	
猕猴桃	猕猴桃科	6	河南省西峡县、浙江省江山市、陕西秦岭	供繁殖	1	

（续）

植物	科名	花期（月）	分布	价值（千克）		备注
				蜜	粉	
梨树		4	全国各地	5	供繁殖	
山楂		5	河南太行山区，山西沁水、阳城以及山东	供繁殖	2	
桃树	蔷薇科	3	全国各地	供繁殖	1.5	
杏树		3—4	东北南部、华北、西北等黄河流域各省	供繁殖	2	
苹果		4—5	辽宁、河北、山西、山东、陕西、宁夏、甘肃、河南	8	供繁殖	灵宝市可取蜜

（三）牧草蜜源

1. 紫花苜蓿 豆科、多年生栽培牧草。全国约种植 66.7 万公顷，主要分布在陕西（关中、陕北）、新疆（石河子、阿勒泰及阿克苏地区）、甘肃（平凉、庆阳、定西、天水）、山西（吕梁地区、运城、临汾、晋中、忻州）。紫花苜蓿在山西永济 5 月上旬开花，陕西、甘肃、宁夏、新疆 5—6 月开花，内蒙古 7—8 月开花，花期长达 1 个月。强群采蜜 80 千克左右，粉少。

2. 草木樨 豆科牧草。分布在陕西、内蒙古、辽宁、黑龙江、吉林、河北、甘肃、宁夏、山西、新疆等地。6 月中旬至 8 月开花，盛花期 30～40 天。白香草木樨花小而数量大，蜜、粉均丰富，通常 1 群蜂可采蜜 20～40 千克，丰收年可达 50～60 千克。花期可生产蜂王浆和花粉。

3. 紫云英 豆科牧草、绿肥（图 83）。长在长江中下游流域，河南主要播种在光山、罗山、固始、潢川等县。1 月下旬至 5 月初开花，花期 1 个月，泌蜜期 20 天左右。在我国南部紫云英种植区，通常每群蜂可采蜜 20～30 千克，强群日进蜜量高达 12 千克，产量可达 50 千克以上。紫云英花粉橘红色，量大，营养丰富，可满足蜂群繁殖、生产王浆和花粉。

紫云英泌蜜最适宜温度为 25℃，相对湿度为 75%～85%，晴

图 83　紫云英

天光照充足则泌蜜多。干旱、缺苗、低温阴雨、遇寒潮袭击以及种植在山区冷水田里，都会减少泌蜜或不泌蜜。在采集当中，如刮黄风、沙风，紫云英不泌蜜，且伴有爬蜂病发生。

4. 毛叶苕子　豆科牧草、绿肥，江苏、安徽、四川、陕西、甘肃、云南等省栽种多。毛叶苕子在贵州兴义 3 月中旬开花，四川成都 4 月中旬开花，陕西汉中 4 月下旬开花，江苏镇江、安徽蚌埠 5 月上中旬开花，山西右玉 7 月上旬开花。花期 20 天以上。每群蜂可取蜜 15～40 千克。

5. 光叶苕子　豆科牧草、绿肥，主要生长在江苏、山东、陕西、云南、贵州、广西和安徽等地。广西为 3 月中旬至 4 月中旬开花，云南为 3 月下旬至 5 月上旬开花，江苏淮阴区、山东、安徽为 4 月下旬至 5 月下旬开花。开花泌蜜期 25～30 天。每群蜂常年可取蜜 30～40 千克，花粉粒黄色，对繁殖蜂群和生产蜂王浆、蜂花粉都有利。光叶苕子经蜜蜂授粉，产种量可提高 1～3 倍。

（四）林木蜜源

1. 主要林木蜜源　多年生乔木或灌木。

（1）刺槐　豆科落叶乔木（图 84）。分布在江苏和安徽北部、胶东半岛、华北平原、黄河故道、关中平原、陕西北部、甘肃东部等地。刺槐开花，郑州和宝鸡是 4 月下旬至 5 月上旬开花，北京在 5 月上旬开花，江苏、安徽北部和关中平原为 5 月上中旬开花，长治为 5 月中旬开花，胶东半岛和延安 5 月中旬至 5 月下旬开花，秦岭和辽宁为 5 月下旬开花。开花期 10 天左右，每群蜂产蜜 30 千克，多者可达 50 千克以上。

在同一地区，平原气温高先开花，山区气温低后开花，海拔越高，花期越延迟，花期常相差 1 周左右，所以，一年中可转地利用刺槐蜜源 2 次。

（2）椴树属（紫椴、糠椴）落叶乔木，以长白山和兴安岭林区最多。

图 84　刺　槐

紫椴在 6 月下旬至 7 月中下旬开花，持续 20 天以上，泌蜜 15～20 天。紫椴开花泌蜜大小年明显，但由于自然条件影响，也有大年不丰收、小年不歉收的情况。糠椴开花比紫椴迟 7 天左右，泌蜜期 20 天以上。泌蜜盛期强群日进蜜量达 15 千克，常年每群蜂可取蜜 20～30 千克，丰年达 50 千克。

（3）枧　乔木，别名野桂花，为山茶科枧属蜜源植物的总称（图 85）。枧在长江流域及其以南各省、自治区的广大丘陵和山区生长，江西的萍乡、宜春、铜鼓、修水、武宁、万载，湖南的平江、浏阳，湖北的崇阳等地，枧的种类多，数量大，开花期长达 4 个多月，是我国"野桂花"蜜的重要产区。枧花大部分被中蜂所利

图 85　枧
（尤方东 摄）

用，浅山区西方蜜蜂也能采蜜。同一种柃有相对稳定的开花期，群体花期 10～15 天，单株 7～10 天。不同种的柃交错开花，花期从 10 月到翌年 3 月。中蜂常年每群蜂产蜜 20～30 千克，丰年可达 50～60 千克。

柃雄花先开，蜜蜂积极采粉，中午以后，雌花开，泌蜜丰富，在温暖的晴天，花蜜可布满花冠。柃花泌蜜受气候影响较大，在夜晚凉爽、早晨有轻霜、白天无风或微风、天气晴朗、气温 15℃以上泌蜜量大。在阴天甚至小雨天，只要气温较高，仍然泌蜜，蜜蜂照常采集。最忌花前过分干旱或开花期低温阴雨。

（4）荆条　马鞭草科的小乔木或灌木丛（图 86）。主要分布在河南山区、北京郊区、河北承德、山西东南部、辽宁西部和山东沂蒙山区。6—8 月开花，花期 40 天左右。1 个强群取蜜 25～60 千克，生产蜂王浆 2～3 千克。

图 86　荆　条

荆条花粉少，加上蜘蛛、壁虎等天敌的影响，多数地区采荆条的蜂场，蜂群群势下降。

（5）乌桕　为大戟科乌桕属蜜源植物，其中栽培的乌桕和山区野生的山乌桕均为南方夏季主要蜜源植物。

乌桕：落叶乔木，分布在长江流域以南各省区，6 月上旬至 7

月中旬开花，常年每群蜂可取蜜 20～30 千克，丰年可达 50 千克以上。

山乌桕：落叶乔木，生长在江西省的赣州、吉安、宜春、井冈山等地，湖北大悟、应山和红安，贵州的遵义，以及福建、湖南、广东、广西、安徽等地。在江西 6 月上旬至 7 月上旬开花，整个花期 40 天左右，泌蜜盛期 20～25 天，是山区中蜂的最重要的蜜源之一。每群蜂可取蜜 40～50 千克，丰收年可达 60～80 千克。

桉树：泛指桃金娘科桉属的夏、秋、冬开花的优良蜜源植物，乔木。分布于四川、云南、海南、广东、广西、福建、贵州，6 月至翌年 2 月开花，每群蜂生产蜂蜜 5～30 千克。

2. 重要辅助林木蜜源　见表 5。

表 5　辅助林木蜜源

植物	科名	花期（月）	分布	价值（千克）		备注
				蜜	粉	
白刺花		5	陕西、甘肃、山西、河南、云南	20～30		
野皂荚	豆科	5—6	河南省太行山、伏牛山和山西、陕西	8	1～2	
胡枝子		7—8	长白山和兴安岭山区	15～50	4～5	
橡胶树	大戟科	3—4 月为主花期，5—7 月二次开花，少数 8—9 月开花	广西、海南岛和云南的西双版纳	10～15		甘露蜜
栾树	无患子科	6—9	南北各地	15	1～2	绿化树
女贞	木樨科	5—7	湖南、江西和河南	5	供繁殖	
酸枣	鼠李科	5—6	河南、河北、山西、山东、甘肃、陕西等的山区	20		山区中蜂可取蜜

（续）

植物	科名	花期（月）	分布	价值（千克）		备注
				蜜	粉	
青麸杨	漆树科	5—6	秦岭、三门峡市、山西	25		色黄、味苦，多数为混合蜜
鹅掌柴	五加科	10月至翌年1月	福建、台湾、广东、广西、海南、云南	10~20		
泡桐	玄参科	3—5	全国各地，以河南最多	20	粉苦供繁殖	
椿树	苦木科	5—6	华北、西北、华东	10		
水锦树	茜草科	3—4	广东、广西	供繁殖	供繁殖	
柳树	杨柳科	3	全国各地	5~8	1	
冬青	冬青科	3—5	长江流域及其以南、郑州	10		
六道木	忍冬科	5—6	河北、山西、辽宁、内蒙古	10		

（五）野生草本、花卉蜜源

1. 主要野生草本、花卉蜜源

（1）密花香薷　唇形科草本蜜源（图87），分布在河南三门峡市、宁夏南部山区、青海东部、甘肃的河西走廊以及新疆的天山北坡。7月上中旬至9月上中旬开花，泌蜜盛期在7月中旬至8月中旬。每群蜂可采蜜20~50千克。

（2）野坝子　唇形科多年生灌木状草本蜜源。主要在云南、四川西南部、贵州西部生长。10月中旬至12月中旬开花，花期40~50天。常年每群蜂可采蜜20千克左右，并能采够越冬饲料。花粉少，单一野坝子蜜源场地不能满足蜂群繁殖需要。

（3）老瓜头　萝藦科夏季荒漠地带草本蜜源植物，是草场沙漠化后优良的固沙植物。生长在库布齐、毛乌素两大沙漠边缘，如宁

图 87　香薷花

夏盐池、灵武，陕西的榆林地区古长城以北，内蒙古鄂尔多斯。5月中旬始花，7月下旬终花，6月为泌蜜高峰期。每群蜂可采 50～100 千克蜂蜜，味形与枣花蜜相似。

老瓜头泌蜜适温为 25～35℃。开花期如遇天阴多雨，泌蜜减少，下一次透雨，2～3 天不泌蜜。花期每间隔 7～10 天下一次雨，生长旺盛，为丰收年。持续干旱开花前期泌蜜多，花期结束早。老瓜头场地常缺乏花粉，需要及时补充。

（4）车轴草　豆科多年生花卉和牧草、绿肥作物（图88），城

图 88　白车轴草

市夏季主要蜜源。分布在江苏、江西、浙江、安徽、云南、贵州、湖北、辽宁、吉林、黑龙江和河南等地。4—9月有花开，5—8月集中泌蜜。每群蜂采红三叶草蜜约5千克，提高红三叶草结籽率70%；可采白三叶草蜜10～20千克。

2. 辅助野生草本、花卉蜜源　见表6。

表6　辅助野生草本、花卉蜜源

植物	科名	花期（月）	分布	价值（千克）		备注
				蜜	粉	
山葡萄	葡萄科	5—6	太行山和伏牛山、山西、东北	10	供繁殖	中蜂利用
葎草	大麻科	7—8	全国各地	供繁殖	2～3	
毛水苏	唇形科	6—9	黑龙江饶河两岸、河南、内蒙古等	100～150		
柴荆芥		8—10	河北、河南、山西、陕西、甘肃	10	供繁殖	
铜锤草	酢浆草科	3—11	全国各地	15	供繁殖	城市5—6月可取蜜
田菁	豆科	8—9	江苏、浙江、福建、台湾、广东	15		

（六）药材蜜源

凡用于医药并能泌蜜被蜜蜂利用的植物，都叫药材蜜源植物，有栽培的，也有野生的，见表7。

表7　药材蜜源植物

植物	科名	花期（月）	分布	价值（千克）		备注
				蜜	粉	
枸杞	茄科	5—6	全国各地	10	供繁殖	宁夏可取蜜
五倍子	漆树科	8—9	长江流域及其以南	8		
益母草	唇形科	6—9	全国各地	15	供繁殖	
夏枯草	唇形科	5—6	河南省确山县	15		

73

（续）

植物	科名	花期（月）	分布	价值（千克）蜜	价值（千克）粉	备注
丹参	唇形科	4—5	河南、四川、山东、浙江	20	供繁殖	
野菊花	菊科	10—11	河南、山西、陕西、甘肃	10	1	
桔梗	桔梗科	6—9	安徽亳州、河南等	15		
牛膝	苋科	6—9	河南焦作地区	15		
槐树	豆科	7—8	全国普遍种植	8		绿化树种
苦参	豆科	7	河南、山西、陕西、甘肃、湖北	15		多为混合蜂蜜
薄荷	唇形科	7—8	江苏、河南、浙江、安徽、河北有栽培，新疆有野生	10		集中种植区可取蜜
君迁子	柿树科	5	河南、山西	8		多被中蜂利用
黄连	小檗科	3—4	云南、四川等	10		个别年份可取蜜
茵陈蒿	菊科	8—9	南北各省		2	
五味子	木兰科	5	河南、湖北、陕西、甘肃	10	1~2	

■ 专题三　　适宜的场地 ■

一、蜂场分类、人员配置

1. 蜂场分类　蜂场以规模大小、种养收入比例和养蜂目的等分为专业、副业和家庭蜂场三类，或者定地养蜂和转地放蜂两种。专业和转地放蜂，蜂场规模较大，一般200群蜂（一车蜂）及以上，3~4人管理，年净收入10万元以上，是养蜂人的主要收入；副业养蜂规模较小，多数100群左右，定地结合小转地放蜂，蜂场收入5万元左右，兼顾农业生产；家庭蜂场多出于个人喜好，蜂场规模20群上下，不以养蜂收入生活，其经济来源是其他工作收入。专业蜂场多数产品种类丰富，蜂蜜、王浆、花粉等生产并重，也有分别以巢蜜、花粉、王浆为主兼顾其他产品。此外，现在专业蜂场还可分为良种繁育、授粉、笼蜂生产等类型。

定蜂养蜂要求主、辅蜜源搭配，主场地有固定的基本建设，副场地安全方便。转地放蜂，繁殖场地要求粉足、蜜适量；生产场地蜜多、粉多，人蜂安全；越冬场地要求通风、向阳；越夏场地则凉爽、蜜多或无。

不同类型蜂场的养蜂设备和工具大致相同，而布局规划、环境要求根据具体情况有较大差异。同时，建议建（主）一个场备（副）一个场，本场正常使用，备场用于临时培养蜂王、躲避药害、蜂王交配等。

2. 人员配置　目前，1个人养45群蜂较为合适，家庭业余养蜂20群内，规模化养蜂应在200群以上。在1个放蜂场地，一般放蜂60～100群。

二、定地蜂场

（一）环境控制

无论定地养蜂还是外出放蜂，都需蜜粉源植物丰富、交通方便、水源良好、场地开阔、蜂群密度适当和人蜂安全等基本条件。

1. 蜜源　蜜源植物是养蜂生产的基本条件，蜜源丰歉决定养蜂成败与收成多少。在距蜂场3千米范围内，全年需要1～3种比较固定、稳产的主要蜜源以及多种花期衔接的辅助蜜源，如山区的野生荆条和葡萄、栽培的刺槐、果树和药材等，以及野生杏、桃、君迁子、连翘等零星蜜源；平原地区群众习惯性种植的蜜源，如油菜、刺槐、枣树、芝麻等，但经常施放杀虫剂、除草剂、生长素、坐果药等的蜜源不宜放蜂。蜂场周围没有甘露或有害蜜源，防止影响蜂群越冬安全。

另外，山区建场还应考虑蜜蜂飞行高度，蜜蜂向上仅能飞行1 000米。蜂场应建在蜜源的下风向或地势低于蜜源的地方。

2. 交通　交通状况与养蜂生产、销售和人员生活都密切相关。一般来说，交通越便利的地方受人为干预就越多，蜜源相对就越差，反之，蜜源相对就越好。因此，定地蜂场重点考虑蜜粉条件（图89），兼顾交通便利。

图 89　建在海拔 1 800 米高的中蜂固定养殖场

3. 气候　山顶风大，山谷雾多日照减少；高海拔的山地气温偏低；低洼河谷易积水、湿度大，易受洪水冲击；岩石和水泥地面夏天温度太高，冬天更加寒冷。这些地方都不宜放置蜂群。蜂群应置于地势高燥、冬暖夏凉的地方，如山腰或近山麓南向坡地，背有高山屏障，南向开阔，阳光充足，中间长有稀疏林木。

养蜂场地可以通过人工绿化、设立挡风屏障、搭建遮阳网棚、筑建养蜂屋室等措施进行改造，优化蜂场环境。根据山势开垦放蜂平台，箱后铺设人行通道。

4. 水源　蜂场最好建在常年有溪流潺潺的谷溪旁边，不宜设在南向有水库、湖泊等大面积水域附近，周围不能有被污染或有毒的水源。

5. 安全　避开虎、熊、狼等大野兽出没，以及黄喉貂、胡蜂等敌害猖獗的地方建场，对可能发生山洪、泥石流、山体滑坡、洪涝等危险地点应作充分地安全考虑，还要注意预防森林火灾与逃生路线，寒冷地区在冬季大雪封山时能够保证人员安全进出。养蜂场应离铁路、高速公路 1 000 米外，厂矿、机关、学校、畜牧场 500米以外的地方，距垃圾填埋场、药厂、粉尘厂、化工厂、饲料厂、养猪场、养鸡场 2 000 米之外；不在粉尘或有毒气体下风向建场；

蜂场地势宜高，防止水淹（冲）蜂箱。

在山区，场址应选在蜜源所在区的南坡下；在平原，选在蜜源的中心或蜜源北面位置。

如果蜂场设在相邻蜂场和蜜源之间，也就是蜂场位于邻场蜜蜂的采集飞行路线上，在流蜜后期或流蜜期结束后易发生盗蜂，被邻场蜜蜂盗蜜。如果在蜂场和蜜源之间有其他蜂场，也就是本场蜜蜂采集飞行路线途经邻场，在流蜜期易发生采集蜂偏集邻场的现象。

蜂群不宜摆放在低矮树丛中和密林深处。

（二）蜂场布局

定地、专业蜂场，周边 2.5 千米范围内没有其他场，以放蜂场地为中心，周边建设巢脾贮存室、蜂具制作室、饲料配制间、生产操作间、仓库，以及办公和生活建筑、科普展示和营业场所。有些还需建造喂水池、养蜂室、越冬室，依据地形地物合理布局，兼顾生态养殖、展示功能。

1. 场地处理 平整地面，修好道路，架设防风屏障，种植一些与养蜂有关或美化环境的经济林木或草本蜜源。蜂场内种植的蜜粉源植物应设标签，注明植物的中文名、学名、分类科属、开花泌蜜特性、养蜂价值等。场区道路布置在蜜蜂飞行路线后面，减少行人对蜜蜂的干扰和蜜蜂蜇人事件的发生，并连接各功能区（图 90）。

2. 蜂群放置 生产蜂群置于砖石、水泥砌成的平台上，或木制、铁制架上，根据地形分组摆放（图 91）。交尾蜂群分组散置于生产区 30 米外，有巨石等标志物体，地形起伏、高低错落，便于蜜蜂辨认蜂巢。

在蜜源丰富、半径在 2.5 千米范围内（山区小一些），蜂群数量 100 群为宜，蜂群多设分场分散放置。避免相邻蜂场蜜蜂采集飞行路线重叠，忌讳场后建场。

3. 各区排列 办公区靠近蜂场进门位置，相连科普（宣传）展室、对外销售窗口；休闲区与主区相配合，要求环境优美，放置

图 90　场区道路

图 91　蜂箱置于平台上

性情温顺的示范蜂群和观察蜂箱，设置草棚、休闲台椅，提供即食的蜂产品，方便顾客近距离感受蜂世界，促进销售。蜂产品生产间相邻仓库，再连初级加工（如蜂蜜过滤、蜂蜡成型、花粉分拣等）和包装车间，最后靠近成品仓库。卫生间应距放蜂场地20米外，且须封闭，防止蜜蜂进入。如设养蜂室，则在主区中；越冬暗室、挡风屏障放在蜂场背后（北边），遮阳棚架置于蜂箱上方。这些建筑并不是所有蜂场都必需的，可根据气候特点、养蜂方式和蜂场的需要设置。

（三）蜂场建筑

1. 养蜂设施

（1）养蜂室　是饲养蜜蜂的房屋，也称为室内养蜂场所，一般适用于小型或业余蜂场，通常建在蜜源丰富、背风向阳、地势较高的地方，有方有圆；土木结构或砖木结构建筑，目前由彩钢瓦制成，门设在侧面，对着室内养蜂通道；墙壁上方开窗，并安装遮光板，平时关闭，保持室内黑暗，检查和管理蜂群时打开，方便管理操作，以及放飞蜜蜂；地面铺设水泥、沙土均可；室外巢门四周墙壁装涂颜色便于蜜蜂识别，以减少蜜蜂迷巢。为了减少占地面积，可将养蜂室建成多层塔式建筑。靠墙壁排放蜂群，巢门穿过墙壁通向室外，双箱体饲养室内高度3.5米，每增加一层增加高度1.5米；室内周长根据蜂群数量、相邻距离决定，两箱一组，箱间16厘米，组间660厘米；如是方形养蜂，宽度为蜂箱所占位置和室内通道宽度（室内通道宽度一般1.2～1.5米）总和。室内养蜂可避免大型天敌的侵扰，以及人畜的破坏，人工调节室内温度，蜜蜂温顺，减少盗蜂。室内蜂群不能移动，建筑成本较高。

（2）越冬暗室　适合长江中下游及以南地区蜂群越冬，为蜂群提供低温、黑暗、安静的环境条件，减少蜜蜂活动，控制蜂群繁殖。瓦房和草房等民房均可作为蜂群越冬暗室使用。要求暗室宽敞、清洁、干燥、通风、隔热、黑暗。

（3）蜂棚　蜂棚是一种单向排列养蜂的建筑物，多用于华北和黄河流域。遮阳棚架适合南方地区夏季摆放蜂群，地点固定支架，四面通风，顶棚用不透光的建筑材料或种植葡萄、瓜类等绿色藤蔓植物覆盖。棚架的长度依据排放的蜂群数量而定，棚宽2.5～3米，高2米左右（图92、图93）。

（4）蜂具室　是蜂具制作、修理和上础等操作的房间。室内设置各类工具橱柜，备齐木工、钳工、上础以及养蜂操作管理工具，配备稳重厚实的工作台。

（5）越冬室　见"模块四"。

图 92　固定蜂场

图 93　定地蜂场蜂棚

（6）仓库　存放巢脾、蜂箱和蜂具、蜜蜂产品的成品或半成品、养蜂饲料、交通工具等。巢脾贮存室要求清洁、干燥、严密，室内设巢脾架，方便熏蒸害虫；蜂具贮存室要求干燥通风，库房内蜂箱蜂具分类放置，设置存放蜂具的层架。蜂箱蜂具贮存室中存放的木制品较多，应防白蚁危害。

蜂产品贮存室要求清洁、干燥、通风、防鼠，不同品种分区码垛。蜂蜜、蜂胶最好放置地下室（图94），蜂王浆和蜂花粉配备大型冰柜或小型冷库贮存。

图94　蜂蜜地下贮藏室

2. **生产建筑、工具**　包括取蜜间、采浆间、花粉干燥间、榨蜡室等，可以合用。

（1）取蜜间　建在斜坡地上，理想状态是上下两层，上层取蜜，蜂蜜通过管道注入下层容器进行过滤、分装。取蜜间应宽敞明亮、严密，室内室外道路畅通，墙壁和地面能够用水冲洗，容易排水，保持清洁，寒冷地区能够加温保持室温35℃上下。内置割蜜盖机、分蜜机、蜜蜡分离装置、贮蜜容器等。

（2）采浆间　要求明亮、无尘，保持空气温度在25～28℃、相对湿度70%～80%。内设操作台、冷藏柜，以及采浆设备和工具，操作台上方有光源。

（3）花粉干燥间　要求通风干燥，内置干燥设备、分拣装置和包装封装设备，以及清洁宽敞的操作平台。

（4）榨蜡室　根据榨蜡设备的类型配备相应的辅助设备，墙壁和地面能够用水冲洗，地面设有排水暗沟。

（5）饲料间　是贮存和配制蜜蜂糖饲料和蛋白质饲料的场所，内设溶化蔗糖的加热设施和盛放液态糖液的各类容器，蜜蜂蛋白质饲料配制场所需要配备操作台、粉碎机、搅拌器等设备。兼备饲料贮存功能。

（6）初加工、包装间　符合卫生要求，内置过滤、分装等仪器设备。

3. 生活建筑　包括人员宿舍、厨房、食堂、卫生设施等。

4. 办公场所　包括办公室、会议室、接待室、休息室等。办公场所事关蜂场形象，讲究整洁美观、大方，有些可以通用。

5. 营业展示场所　是宣传企业、蜜蜂和蜜蜂产品的重要场地，营业厅的装修和布置应清洁大方、宽敞明亮，并能体现蜜蜂产业的特色，可划出产品展示区，陈列蜂场的各种蜂产品，配备产品说明；顾客休息区，配备电视、桌椅等，提供产品消费服务，配备适当的沙发、茶几、蜂产品销售区，设置开放式柜台等（图95）。

图 95　休闲购物区

三、观光示范蜂场

注重环境布置，建筑宣传蜜蜂和蜜蜂产品知识的科普走廊或展室，图文、实物陈列和影视相结合，介绍养蜂历史、蜜蜂生活和劳动本领、蜂产品的生产、各种蜂产品的功能和食用方法、蜜蜂对农牧业和生态环境的意义等，在室内设立蜜蜂观察箱，在门外摆放观光蜂群（蜂群要强壮，蜂箱要漂亮、整洁、美观），满足顾客观光心理，正确引导消费，树立企业形象（图96、图97）。

图 96　观光展示蜂场科普室

图 97　观光展示蜂场

四、转地放蜂场地

转地放蜂场地环境要求与定地养蜂相似。繁殖场地要求粉足，花蜜适量；生产场地要求蜜源丰富，人蜂安全，临时蜂场放在蜜源中心，或紧临蜜源的北边；越冬场地要求通风、向阳；越夏场地要求凉爽，花蜜充足或无。

蜂场设备主要有各种产品生产工具、包装容器、帐篷、生活用具、运输车辆、交通工具、太阳能电器等。每到一处，蜜源都要丰富，预防蜜蜂毒害，场地之间可适当密集一些（图98、图99）。

图98　转地放蜂（1）

图99　转地放蜂（2）

养蜂场是养蜂员生活和饲养蜜蜂的场所。无论是定地或转地养蜂，都要选一个适宜蜂群和养蜂员生活的环境。

模块三　养好蜂王

蜂王是蜂群种性的载体，是蜂群中最重要的一只蜜蜂，养一只好蜂王，是获得效益的基本保障之一，管理好蜂王，就完成了一半工作。

■ 专题一　养什么蜜蜂好 ■

根据蜜源、场地、养蜂目的，结合各种蜜蜂特点决定。

一、世界蜜蜂的种类

蜜蜂在分类学上属于节肢动物门（Arthropoda）、昆虫纲（Insecta）、膜翅目（Hymenoptera）、蜜蜂科（Apidae）、蜜蜂属（*Apis*）。属下有9个种（表8），根据进化程度和酶谱分析，以西方蜜蜂最为高级，东方蜜蜂次之，黑小蜜蜂最低（图100）。

表8　蜜蜂属下的9个种

种名	拉丁名	命名人	命名时间
西方蜜蜂	*Apis mellifera*	Linnaeus	1758 年
小蜜蜂	*A. florea*	Fabricius	1787 年
大蜜蜂	*A. dorsata*	Fabricius	1793 年
东方蜜蜂	*A. cerana*	Fabricius	1793 年

（续）

种名	拉丁名	命名人	命名时间
黑小蜜蜂	*A. andreniformis*	Smith	1858 年
黑大蜜蜂	*A. laboriosa*	Smith	1871 年
沙巴蜂	*A. koschevnikovi*	Buttel-Reepeen	1906 年
绿努蜂	*A. nulunsis*	Tingek、Koeniger's	1998 年
苏拉威西蜂	*A. nigrocincta*	Smith	1871 年

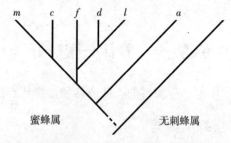

图 100　蜜蜂属 6 个种的亲缘关系（酶谱分析）

蜜蜂属 *Apis*　无刺蜂属 *Trigona*

a. 黑小蜜蜂 *A. andreniformis*　f. 小蜜蜂 *A. florea*　c. 东方蜜蜂 *A. cerana*
l. 黑大蜜蜂 *A. laboriosa*　d. 大蜜蜂 *A. dorsata*　m. 西方蜜蜂 *A. mellifera*

（引自龚一飞等，2000）

二、中国蜜蜂的种类

（一）野生品种

　　小蜜蜂、黑小蜜蜂、大蜜蜂和黑大蜜蜂都处于野生状态，是宝贵的蜂种资源，除被人类猎取一定数量的蜂蜜和蜂蜡外，对植物授粉、维持生态平衡具有重要贡献。野生蜜蜂的护脾能力强，在蜜源丰富季节，性情温和；在蜜源缺少时期，爱蜇人畜。为适应环境和生存有来回迁移习性，其生存概况见表 9。

表9　主要野生蜜蜂种群概况

	小蜜蜂	黑小蜜蜂	大蜜蜂	黑大蜜蜂
俗名		小草蜂	排蜂	雪山蜜蜂及岩蜂
分布	云南境内北纬26°40′以南，广西南部的龙州、上思	云南西南部	云南南部、金沙江河谷和海南岛、广西南部	喜马拉雅山脉、横断山脉地区和怒江、澜沧江流域，包括我国云南西南部和东南部、西藏南部
习性	栖息在海拔1 900米以下的草丛或灌木丛中，露天营单一巢脾的蜂巢，总面积225～900厘米²，群势可达万只蜜蜂	生活在海拔1 000米以下的小乔木上，露天营单一巢脾的蜂巢，总面积177～334厘米²	露天筑造单一巢脾的蜂巢，在树上或悬崖下常数群或数十群相邻筑巢，形成群落聚居。巢脾长0.5～1.0米，宽0.3～0.7米	在海拔1 000～3 500米活动，露天筑造单一巢脾的蜂巢，附于悬岩。巢脾长0.8～1.5米、宽0.5～0.95米。常多群在一处筑巢，形成群落。攻击性强
价值	猎取蜂蜜1千克，可用于授粉	割脾取蜜，每群每次获蜜0.5千克，每年采收2～3次。是热带经济作物的重要传粉昆虫	是砂仁、向日葵、油菜等作物和药材的重要授粉者。每年每群可获取蜂蜜25～40千克和一批蜂蜡	每年秋末冬初，每群黑大蜜蜂可猎取蜂蜜20～40千克和大量蜂蜡；同时，大蜜蜂是多种植物的授粉者

（二）家养蜂种

我国主要饲养的蜂种有中华蜜蜂和意大利蜂，其次是卡尼鄂拉蜂和高加索蜂。另外，经过人工选育，还形成了东北黑蜂、新疆黑蜂和浙江浆蜂等地方蜂种。

1. 中华蜜蜂　简称中蜂，中华蜜蜂原产地中国，以定地饲养为主，既有活框饲养的（图101），也有无框桶养的（图102）。华南和西南地区为中蜂集中分布区域，其他地区的中蜂多与西方蜜蜂混合分布，平原少见，山区饲养。

图 101　海口中蜂活框养殖场

图 102　神农架中蜂无框木桶养殖场

（1）共同的特点

①形态特征。体型中等，工蜂体长 9.5～13 毫米，在热带、亚热带其腹部以黄色为主，温带或高寒山区的品种多为黑色。蜂王体色有黑色和棕色两种（图 103）；雄蜂体黑色。

②生活习性。野生状态下，蜂群栖息在岩洞、树洞等隐蔽场所，复脾穴居（图 104）。雄蜂巢房封盖像斗笠，中央有 1 个小孔，暴露出茧衣。蜂王每昼夜产卵 900 粒左右，群势在 1.5 万～3.5 万

图 103 中蜂——蜂王和工蜂

只，产卵有规律，饲料消耗少。工蜂采集半径1~2千米，飞行敏捷。工蜂在巢穴口扇风头向外，把风鼓进蜂巢。嗅觉灵敏，早出晚归，每天采集时间比意蜂多1~3小时，比较稳产。个体耐寒力强，能采集冬季蜜源，如南方冬季的野桂花、枇杷等。蜜房封盖为干性。

图 104 中蜂野生蜂巢
（易之南 摄）

中蜂分蜂性强，多数不易维持大群，常因环境差、缺饲料和被病敌危害而举群迁徙。抗大蜂螨、小蜂螨、白垩病和美洲幼虫病，易被蜡螟危害，在春秋季好感染囊状幼虫病。不采胶。

③分布。主要生活在山区和中国南方。

④经济价值。每群每年可采蜜 10～40 千克，蜂蜡 350 克，授粉效果显著。

（2）不同的类型　我国饲养的中华蜜蜂，属于东方蜜蜂的一个亚种，在长期的自然选择过程中，又形成了北方中蜂、华南中蜂、华中中蜂、海南中蜂、西藏中蜂、阿坝中蜂和长白山中蜂等不同类型或品系，它们具有适应当地生态条件和地理环境的生物学特性、形态特征，如工蜂大小由南向北、由低海拔向高海拔逐渐增大，体色也越来越深，具有明显的地方特色。

①蜂蜜高产型有长白山区中蜂、云贵高原中蜂。

②抗囊虫病型有阿坝中蜂、华南中蜂。

③耐热型有海南中蜂、华南中蜂、华中中蜂。

④抗寒型有西藏中蜂、北方中蜂。

（3）注意事项　形态和群体大小等不同类型或品系的中蜂，虽然给我国中蜂育种提供了丰富的素材，但是，受到种质资源法规条例的保护，中蜂流通受到限制，因此，中蜂的良种繁育只能在本地中蜂或同一类型中进行。

2. 意大利蜂　简称意蜂，意大利蜂原产地中海中部意大利的亚平宁半岛，属黄色蜂种。意蜂适宜生活在冬季短暂、温和、潮湿而夏季炎热、蜜源植物丰富且流蜜长的地区。活框饲养，适于追花夺蜜、突击利用南北四季蜜源（图 105）。

（1）形态特征　工蜂体长 12～13 毫米，毛色淡黄。蜂王颜色为橘黄至淡棕色（图 106）。雄蜂腹部背板颜色为金黄有黑斑，其毛色淡黄。

（2）生活习性　意蜂性情温和，不怕光。蜂王每昼夜产卵 1 800 粒左右，子脾面积大，雄蜂封盖似馒头状；春季育虫早，夏季群势强。善于采集持续时间长的大蜜源，在蜜源条件差时，易出现食物短缺现象。泌蜡力强，造脾快。泌浆能力强，善采集、贮存大量花粉。蜜房封盖为中间型，蜜盖洁白。分蜂性弱，易维持大

图 105 意大利蜂采集刺槐花蜜

图 106 意大利蜂

群。盗力强，卫巢力也强。耐寒性一般，以强群的形式越冬，越冬饲料消耗大。工蜂采集半径 2.5 千米，在巢穴口扇风头朝内，把蜂巢内的空气抽出来。具采胶性能。在我国意蜂常见的疾病有美洲幼虫腐臭病、欧洲幼虫腐臭病、白垩病、孢子虫病、麻痹病等，抗螨力差。

（3）分布 我国广泛饲养，约占西方蜜蜂饲养量的 80%。

（4）经济价值 在刺槐、椴树、荆条、油菜、荔枝、枣树、紫云英等主要蜜源花期中，1个生产群日采蜜5千克左右，1个花期采蜜超过50千克，全年生产蜂蜜可达150千克。经过选育的优良品系，一个强群3天（1个产浆周期）生产蜂王浆超过300克，群年产浆量12千克；在优良的粉源场地，一个管理适宜的蜂场，群日收集花粉高达2 300克。另外，意蜂还适合生产蜂胶、蜂蛹以及蜂毒等。

3. 卡尼鄂拉蜂 简称卡蜂，原产于阿尔卑斯山南部和巴尔干半岛北部的多瑙河流域，适宜生活在冬季严寒而漫长、春季短而花期早、夏季不太热的自然环境中。

（1）形态 卡蜂腹部细长，几丁质为黑色。工蜂绒毛灰至棕灰色。蜂王腹部背板为棕色，背板后缘有黄色带。雄蜂为黑色或灰褐色。

（2）生活习性 卡蜂性情温和，不怕光，提出巢脾时蜜蜂安静。春季群势发展快，夏季高温繁殖差，秋季繁殖下降快，冬季群势小。善于采集春季和初夏的早期蜜源，能利用零星蜜源，节省饲料。泌蜡能力一般，蜜房封盖为干型，蜜盖白色。分蜂性强，不易维持大群。抗螨力弱，抗病力与意蜂相似。

（3）分布 我国约有10％的蜂群为卡蜂，转地饲养。

（4）经济价值 卡蜂蜂蜜产量高，但泌浆能力差。

4. 高加索蜂 简称高蜂，原产于高加索中部的高山谷地，适合生活在冬季不太寒冷、夏季较热、无霜期长、年降雨量较多的环境中。

（1）形态特征 高蜂几丁质为黑色。灰色高蜂的蜂王为黑色。雄蜂胸部绒毛为黑色。工蜂体长12～13毫米。

（2）生活习性 高蜂性情温顺，不怕光，提出巢脾时蜜蜂安静。蜂王产卵力较弱，工蜂育虫积极，春季群势发展平稳缓慢，夏季群势较大，常出现蜂王自然交替现象。善于利用较小而持续时间较长的蜜源。采集勤奋，节省饲料。泌蜡造脾能力一般，爱造赘脾。蜜房封盖为湿型，色暗。采胶性能好，盗性强。

高蜂易遭受甘露蜜毒害和易感染孢子虫病。

（3）分布　我国少量饲养。

（4）经济价值　高蜂采蜜能力比欧洲黑蜂强，蜂胶产量高，也是较好的育种（杂交）素材。

5. 东北黑蜂　是欧洲黑蜂、卡蜂的杂交蜂种，集中分布在黑龙江省东部的饶河、虎林一带。

（1）形态特征　东北黑蜂的蜂王有两种类型：一是全部为黑色，另一种是第1～5腹节背板有褐色的环纹，两种类型蜂王的绒毛都呈黄褐色。雄蜂体黑色。工蜂几丁质全部为黑色，或第2～3腹节背板两侧有较小的黄斑，胸部背板上的绒毛呈黄褐色。工蜂体长12～13毫米。

（2）生活习性　不怕光，提出巢脾时蜜蜂安静，蜂王照常产卵，蜂王日产卵量950粒左右，产卵整齐、集中。春季育虫早，蜂群发展快，分蜂性较弱，夏季群势可达14框蜂。采集力强，善于采集流蜜量大的蜜源，能利用早春和晚秋的零星蜜源，对长花管的蜜源利用较差。节省饲料。蜜房封盖为中间型，蜜盖常一边呈深色（褐色），另一边呈黄白色。采胶少或不采胶。耐寒性强，越冬良好。较抗幼虫病。

较爱蜇人，易患麻痹病和孢子虫病。

（3）分布　饶河、虎林和宝青三县为东北黑蜂保护区，现有东北黑蜂原种群3 000群。

（4）经济价值　东北黑蜂在1977年椴树流蜜期曾有群产蜂蜜500千克的记录。另外，东北黑蜂杂种一代适应性强，增产显著，是一个很好的育种素材。

6. 新疆黑蜂　是欧洲黑蜂的一个品系，主要在新疆伊犁饲养。

（1）形态　蜂王有纯黑和棕黑两种。雄蜂黑色。原始群的工蜂，几丁质均为棕黑色，绒毛为棕灰色。

（2）生活习性　蜂王每昼夜产卵平均1 181粒，最高曾达2 680粒，产卵集中成片，虫龄整齐。育虫节律波动大，春季育虫早，夏季群势达13～15框蜂，6框子时便开始筑造王台准备分蜂。采集力强，勤奋，早出晚归，善于利用零星蜜源，主要蜜源花期，采集更加积极。泌蜡力强，造脾快，喜造赘脾。泌浆能力一般，蜜房封盖为中间型。采集利用蜂胶比意蜂多。耐寒性强，越冬性好，比卡蜂更耐寒和节省饲料。新疆黑蜂抗病力和抗大蜂螨能力强，在新疆还未发现有小蜂螨和蜡螟寄生。

怕光，提巢脾检查时蜜蜂骚动，性情凶暴，爱蜇人。

（3）分布　伊犁、塔城、阿勒泰、新源、特克斯、尼勒克、昭苏、巩留、伊宁和布尔津等地都有黑蜂，全伊犁州约有黑蜂18 000群，全新疆有黑蜂25 000群左右。天山南侧西至霍城县玉台、东至和静县巴伦台为伊犁黑蜂保护区。

（4）经济价值　在新疆地区，正常年景每群蜂平均生产蜂蜜80～100千克，最高产量超过250千克。

7. 浙江浆蜂　江浙地区对意蜂定向选育的王浆高产蜂种，主要包括浙农大1号意蜂、萧山浆蜂、平湖浆蜂等多个类型。

（1）形态　黄色蜂种，熊蜂腹末体毛长而齐。

（2）特点　温顺，王浆产量高。在蜜蜂活动季节如不生产蜂王浆，易发生分蜂。饲料消耗大，小蜜源时易缺饲料。易发生盗蜂，易生白垩病。

（3）分布　在我国东部地区大量饲养。

（4）经济价值　蜂群年产浆量，转地蜂场每群6～8千克，定地蜂场每群高达12千克，主要蜜源花期也用于生产蜂花粉、蜂蜜生产。

8. 喀尔巴阡蜂　简称喀蜂，原为罗马尼亚本地蜂，是在欧洲西南部特殊的气候、地理和蜜源条件下形成的一个单独的喀尔巴阡体系。

（1）形态　蜂王黑褐色，腹部背板有深棕色环带，第2～4背板尤为明显，身体细长，雄蜂黑色，工蜂黑色，腹部背板有棕色斑。体小。

（2）生活习性　喀蜂对外界敏感，育虫节律陡，蜜粉源丰富时蜂王产卵旺盛，蜂群繁殖较快，蜜粉源缺乏时降低繁殖减少活动，善于保存实力；子脾面积大，密实度高达95%以上，育子成蜂率高；分蜂性低于喀尼鄂拉蜂（较弱），善于利用零散蜜源，也能利用大宗蜜源，蜜房封盖为中间型；耐寒，越冬安全；节省饲料，定向力强，不易迷巢，不爱作盗，抗螨抗白垩病。

蜜粉源条件差的情况下繁殖缓慢，不耐热，流蜜初期比较暴躁。

（3）分布　1978 年引进中国，已被广泛利用。

（4）经济价值　同意蜂或高加索蜂杂交后能够产生明显的杂种优势，是良好的蜜蜂育种素材。

■ 专题二　蜂王改良提质 ■

蜜蜂良种是指抗逆力强、生产力高和容易管理的蜂种，具有适应当地气候和蜜源条件的区域性特点。蜂种改良主要是针对本蜂场的具体情况，采取引进、选择、杂交等育种手段，通过培育蜂王，更新原有蜂王，以达到提高产量、改善低劣品质和增强抗病能力的目的。

（一）选种与引种

一个养蜂场，经过对蜂群长期的定向选择，或经过引进优良种蜂进行杂交，可增强蜂群的生产和抗病能力，提高产品质量。在本地蜜蜂中，如果有条件最好从野生种群中进行选、引良种。

1. 引种　将国内外的优良蜜蜂品种、品系或类型引入本地，经严格考察后，对适应当地的良种进行推广。如意蜂和卡蜂引入我国后，在很多地区直接用于养蜂生产或作为育种素材，提高了产量。

引种可采用引（买）进蜂群、蜂王、卵、虫等方式。蜜蜂引种多以引进蜂王为主，诱入蜂群 50 天后，其子代工蜂基本取代了原群工蜂，就可以对该蜂种进行考察、鉴定，在观察鉴定期间，应对引进的蜂种隔离，预防蜂病的传播和不良基因的扩散，需要的性能须突出。

养蜂场从种王场购买的父母代蜂王有纯种，也有单交种、三交种或双交种，可作种用。繁殖的下一代（蜂王）可直接投入生产，但不宜再作种用。蜂场间引种，以最好的种群为宜。

2. 选种 在我国养蜂生产中，多采取个体选择和家系内选择的方式，在蜂场中选出种用群生产蜂王。例如，在图107中，5个家系的a、b、c…x、y共25群蜂中，选出10群作为种用群，用家系内选择是a、b、f、g、k、l、p、q、u、v，用个体选择是f、u、v、g、a、h、w、x、b、i，用家系选择是f、g、h、i、j、u、v、w、x、y。

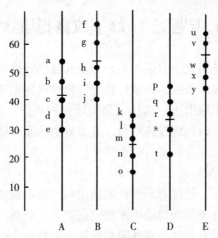

图107 5个家系蜂群的性状分布
·：个体性状值；—：家系性状平均值
（引自邵瑞宜，1995）

①个体间选择。在一定数量的蜂群中，将某一性状表现最好的蜂群保留下来，作为种群培育处女王和种用雄蜂。在子代蜂群中继续选择，使这一性状不断加强，就可能选育出该性状突出的良种。个体选择适用于遗传力高的性状选择。将具有某些优良性状的蜂群作为种群，通过人工育王的方法保留和强化这些性状。采用这种技术，在我国浙江省选育了目前生产上使用的蜂王浆高产蜂种。

②家系内选择。从每个家系中选出超过该家系性状表型平均值的蜂群作为种用群，适用于家系间表型相关较大、性状遗传力较低

的情况。这种选择方法可以减少近交的机会。

自行选种育王的蜂场应有 60 群以上的规模，防止过分近亲交配。

(二) 蜂种的杂交

蜜蜂杂交后子代的生活力、生产性能等方面往往超过双亲，是迅速提高产量和改良种性的捷径。获得蜜蜂杂交优势，首先要对杂交亲本进行选优提纯和选择合适的杂交组合，以及遴选杂交优势表现的环境。蜜蜂杂交组合通常有单交、双交、三交、回交和混交等几种形式。以 E 表示意蜂，K 表示卡蜂，G 表示高蜂，O 表示欧洲黑蜂，♀表示蜂王，♂表示雄蜂，×表示杂交，♀表示工蜂。组织 2 个或 2 个以上的蜜蜂品种（或品系、亚种）进行交配，扩大蜜蜂的遗传变异，并对具有优良性状的杂种进行选择和繁殖，使后代有益的杂种基因得到纯合和遗传。

1. 杂交组合方式

（1）单交 用一个品种的纯种处女王与另一个品种的纯种雄蜂交配，产生单交王。由单交王产生的雄蜂，是与蜂王具有同一个品种的纯种，产生的工蜂或子代蜂王是具有双亲基因的第一代杂种（图108）。由第一代杂种工蜂和单交王组成单交种蜂群，因蜂王和雄蜂均为纯种，它们不具杂种优势，但工蜂是杂种一代，具有杂种优势。

$$\mathbf{KK}(♀) \times \mathbf{E}(♂)$$
$$\swarrow \quad \downarrow$$
$$\mathbf{K}(♂) \quad \mathbf{K} \cdot \mathbf{E}(♀)$$

图 108 工蜂含卡蜂和意蜂基因各 50% 的单交种群

（2）双交 一个单交种培育的处女王与另一个单交种培育的雄蜂交配称为双交。双交后的蜂王所组成的蜂群，蜂王仍为单交种，含有两个种的基因，产生的雄蜂与蜂王一样也是单交种；工蜂和子代蜂王含有 4 个蜂种的基因（图109），为双交种。由双交种工蜂组成的蜂群为双交群，能产生较大的杂种优势。

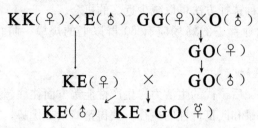

$$KK(♀) \times E(♂) \quad GG(♀) \times O(♂)$$

$$\downarrow \qquad\qquad\qquad GO(♀)$$

$$KE(♀) \quad \times \quad GO(♂)$$

$$KE(♂) \quad KE \cdot GO(♀)$$

图 109　含有 4 个蜂种基因的双交种群

（3）三交　用一个单交种蜂群培育的处女王与一个不含单交种血缘的纯种雄蜂交配，产生三交王，但其蜂王本身仍是单交种，后代雄蜂与母亲蜂王一样，也为单交种，而工蜂和子代蜂王为含有三个蜂种血统的三交种（图 110）。三交种蜂群中的蜂王和工蜂均为杂种，均能表现杂种优势，因此三交后代所表现的总体优势比单交种好。

$$KK(♀) \times E(♂)$$

$$\downarrow$$

$$KE(♀) \times G(♂)$$

$$KE \quad KE \cdot G$$

$$(♂) \quad (♀)$$

图 110　卡、意杂种蜂王与高蜂雄蜂交配形成三交种群

（4）回交　采用单交种的处女王与父代雄蜂杂交，或单交种雄蜂与母代处女王杂交称回交，其子代称回交种。回交育种的目的是增加杂种中某一亲本的遗传成分，改善后代蜂群性状（图 111）。

$$EE(♀) \times G(♂)$$

$$\downarrow$$

$$G(♂) \times EG(♀)$$

$$GE \cdot G(♀) \quad EG(♂)$$

图 111　具有 2/3 父系基因的回交种群

2. 蜜蜂杂种特点　杂交种群的经济性状主要通过蜂王和工蜂

共同表现。在单交种群中，仅工蜂体现出杂种优势；双交和三交种群，其亲本蜂王和子代工蜂均能表现杂种优势。种性过于混杂会产生杂种性状的分离和退化，多从第二代开始。

选择保留杂种后代，须建立在对杂种蜂群的经济性能考察、鉴定和评价的基础上，包括亲本、组合、形态学指标和生物学指标、生产性能指标。在杂种的性状基本稳定后，再增加其种群数量，通过良种推广，扩大饲养范围。

■ 专题三　　培育优质蜂王 ■

一、遴选种群及种的培育

蜜蜂的性状受父本和母本的影响，因此，育王之前选择父群培育雄蜂，遴选母群培育幼虫，挑选正常的强群（育王群）哺育蜂王幼虫，三者同等重要。种群可以在蜂场中挑选，也可以引进。具体方法如下。

（一）种用父群的选择和雄蜂的培育

1. 父群的选择　将繁殖快、分蜂性弱、抗逆力强、蜂盗性小、温顺、采集力强和其他生产性能突出的蜂群，挑选出来培育种用雄蜂，一般需要考察 1 年以上。父群数量一般以购进的种王群或蜂群数量的 10％为宜，培养出 80 倍以上于处女王数量的健康适龄雄蜂。种用父群的群势，意蜂不低于 13 框足蜂。

另外，父群的选择还要考虑卫生行为好、抗螨能力强的蜂群作种群。

2. 雄蜂的培育　首先采用工蜂和雄蜂组合巢础（图 112）镶装在巢框上，筑造新的专用育王雄蜂脾；或割除旧脾的上（下）部，让蜜蜂筑造雄蜂房。然后利用隔王栅或蜂王产卵控制器引导蜂王于计划的时间内在雄蜂房中产卵。

3. 父群的管理　蜂巢内蜜蜂稠密，蜂脾比不低于 1.2：1，适当放宽雄蜂脾两侧的蜂路。保持蜂群饲料充足，在蜂王产雄蜂卵时开始奖励饲喂，直到育王工作结束。

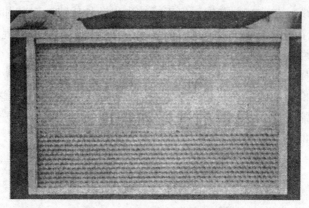

图 112　工蜂和雄蜂组合巢础
（引自 Browm，1985）

注意事项，早春养王，雄蜂数量应达到处女蜂王的 200 倍以上。

（二）种用母群的选择和幼虫的获得

1. 母群的选择　通过全年的生产实践，全面考察母群种性和生产性能，侧重于繁殖力强、分蜂性弱、能维持强群以及具有稳定特征和最突出的生产性能。

2. 母群的组织　蜂群应有充足的蜜粉饲料和良好的保暖措施。在移虫前 1 周，将蜂王限制在巢箱中部充满蜂儿和蜜粉的 3 张巢脾的空间中，移虫前 4 天，用 1 张适合产卵和移虫的黄褐色带蜜粉的巢脾将其中 1 张巢脾置换出来，供蜂王产卵，第 4 天提出移虫。

父群和母群均可作为育王蜂群利用。

（三）育王蜂群的选择、组织和管理

1. 选择育王群　挑选有 13 框蜂以上的高产、健康强群，各型和各龄蜜蜂比例合理，巢内蜜粉充足。

2. 组织育王群　在移虫前 1～2 天，先用隔王板将蜂巢隔成 2 区，一区为供蜂王产卵的繁殖区，另一区为幼王哺养区，养王框置于哺养区中间，两侧置放小幼虫脾和蜜粉脾。在做此工作的同时，须除去自然王台。

3. 管理育王群　哺育群以适当蜂多于脾，在组织后的第 7 天检查，除去所有自然王台。每天傍晚喂 0.5 千克糖浆，一直喂到王台全部封盖。在低温季节育王，应做好保暖工作，高温季节育王则需遮阳降温。

二、人工育王程序与操作

为获得个体较大的蜂王，采取三次移虫养王法培育新王。本法是通过 3 次移虫来培养处女蜂王，第 1 次移虫为当天早上，第 2 次移虫在第 2 天下午，第 3 次移虫在第 3 天早上进行。第 1 次移 1 日龄幼虫，第 2、第 3 次移刚孵化（卵由直立到躺倒时）的幼虫。

为培育出优良的蜂王，除遗传因素和采取三次移虫养王法外，在气候适宜和蜜源丰富的季节，还应采取种王限产，使用大卵养虫，强群限量哺养，保证种王群、哺育群食物优质充足。

（一）育王准备

1. 育王时间　一年中第一次大批育王时间应与所在地第一个主要蜜源泌蜜期相吻合，例如，在河南省养蜂（或放蜂），采取油菜花盛期育王，末期把蜂王更换，蜂群在刺槐开花时新王产子。而最后一次集中育王应与防治蜂螨和培养越冬蜂相结合，可选在最后一个主要蜜源前期，泌蜜盛期组织交尾蜂群，花期结束，新王产卵，防治蜂螨后开始繁殖越冬蜂。其他时间保持蜂场总群数 5％的养王（交尾）群，坚持不间断地育王，及时更换劣质蜂王或用于分蜂。

2. 工作程序　在确定了每年的用王时间后，依据蜂王生长发育历期和交配产卵时间，安排育王工作，见表 10。

表 10　人工育王工作程序

工作程序	时间安排	备注
确定父群	培育雄蜂前 1～3 天	
培育雄蜂	复移虫前 15～30 天	

（续）

工作程序	时间安排	备注
确定、管理母群	三次移虫前 7 天	
培育养王幼虫	三次移虫前 3.5～4 天	
初次移虫	二次移虫前 30 小时	移其他健康蜂群的 1 日龄幼虫（数量为需要蜂王数的 200%）
二次移虫	初次移虫后 30 小时	移其他健康蜂群的刚孵化（由竖立的卵刚躺倒的）小幼虫（数量为需要蜂王数的 200%）
三次移虫	二次移虫 12 小时后	移种用母群的刚孵化（由竖立的卵刚躺倒的）小幼虫（数量为需要蜂王数的 200%）
组织交尾蜂群	三次移虫后 9 天	亦可分蜂（数量为需要蜂王数的 200%）
分配王台	三次移虫后 10 天	
蜂王羽化	三次移虫后 12 天	
蜂王交配	羽化后 8～9 天	
新王产卵	交配后 2～3 天	
提交蜂王	产卵后 2～7 天	

3. 做好记录 人工育王是一项很重要的工作，应将育王过程和采取的措施详细记录存档（表 11），以提高育王质量和备查。

表 11 人工育王记录表

父 系		母 系		育王群			移 虫					交尾群				完成日期
品种	蜂王编号	育雄日期	品种	蜂王编号	品种	群号	组织日期	移虫方式	日期	时刻	移虫数量	接受数量	封盖日期	组织日期	分配台数	羽化数量	新王数量	

（二）操作规程

1. 制造蜡质台基 人工育王使用塑料或蜡质台基。蜡质台基的制作方法：先将蜡棒置于冷水中浸泡半小时，选用蜜盖蜡放入熔蜡罐内（罐中可事先加少量水）加热，待蜂蜡完全熔化后，把熔蜡罐置于约75℃的热水中保温，除去浮沫。然后，将蜡棒甩掉水珠并垂直浸入蜡液7毫米处，立即提出，稍停片刻再浸入蜡液中，如此2～3次，浸入的深度一次比一次浅。最后把蜡棒插入冷水中，提起，用左手食、拇二指压、旋，将蜡台基卸下备用（图113）。

图113　制造蜡质台基

2. 粘装蜂蜡台基　取1根筷子，端部与右手食指挟持蜂蜡台基，并使蜡台基端部蘸少量蜡液，垂直地粘在台基条上，每条10个为宜（图114）。

图114　粘装蜂蜡台基

3. 修补蜂蜡台基　将粘装好的蜂蜡台基条装进育王框中，再置于哺育群中3～4小时，让工蜂修正蜂蜡台基近似自然台基，即可提出备用。利用塑料台基育王，须在蜂群修整12小时后使用。

4. 移虫　从种用母群中提出1日龄内的虫脾，左手握住框耳，轻轻抖动，使蜜蜂跌落箱中，再用蜂扫扫落余蜂于巢门前。虫脾平放在木盒中或隔板上，使光线照到脾面上，再将育王框置其上，转动待移虫的台基条，使其台基口向上斜外，其他台基条的蜡台基口朝向里。

采用三次移虫的方法，移取种用幼虫前 42 小时，需从其他健康蜂群中移 1 日龄幼虫，并放到养王群中哺育，第 2 天下午取出，用消毒和清洗过的镊子夹出王台中的幼虫，操作时不得损坏王浆状态，随即将其他健康蜂群中刚孵化幼虫移入，第 3 天早上，取出小幼虫，将种群刚孵化的小幼虫移到王台中原来幼虫的位置。

第一次移虫选择巢房底部王浆充足、有光泽、孵化约 24 小时的工蜂幼虫房，将移虫针的舌端沿巢房壁插入房底，从王浆底部越过幼虫，顺房口提出移虫针，带回幼虫，将移虫针端部送至蜡台基底部，推动推杆，移虫舌将幼虫推向台基的底部，退出移虫针。

移虫结束，立即将育王框（图 115）放进哺育群中。

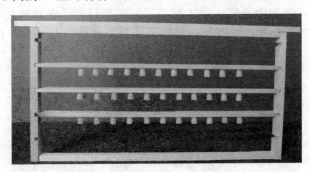

图 115　移好蜂王幼虫的养王框

（三）交尾群的管理

交尾场地须开阔，蜂箱置于地形地物明显处。在蜂箱前壁贴上黄、绿、蓝、紫等颜色（图 116），帮助蜜蜂和处女王辨认巢穴，而附近的单株小灌木和单株大草等，都能作为交尾箱的自然标记。

1. 大群交尾管理措施

（1）组织交尾群　利用原蜂群（生产群）作交尾群，多数与防治蜂螨或生产蜂蜜时的断子措施相结合，须在介绍王台前的第 1 天下午提出原群蜂王，第 2 天介绍王台，上下箱体各 1 个，分别从下巢门和上巢门（继箱下沿隔王板上的巢门）。

图 116　育王场

（薛运波 摄）

　　大群作交尾群，蜂王交配时间会延迟 2～3 天。

　　（2）分配王台　移虫后第 10～11 天为介绍王台时间，两人配合，从哺育群提出育王框，不抖蜂，必要时用蜂刷扫落框上的蜜蜂。一人用薄刀片紧靠王台条面割下王台，一人将王台镶嵌在蜂巢中间巢脾下角空隙处。在操作过程中，防止王台冻伤、震动、倒置或侧放。

　　（3）检查管理　介绍王台前开箱检查交尾群中有无王台、蜂王，3 天后检查处女蜂王羽化和质量；处女蜂王羽化后 6～10 天，在 10：00 前或 17：00 后检查处女王交尾或丢失与否，羽化后 12～13 天检查新王产卵情况，若气候、蜜源、雄蜂等条件都正常，应将还未产卵或产卵不正常的蜂王淘汰。

开箱检查

　　（4）严防盗蜂，气温较低时给交尾群保暖，高温季节做好通风遮阳工作，傍晚对交尾群奖励饲喂促进处女蜂王提早交尾。

　　2. 小群交尾管理措施　在分区管理中，用闸板把巢箱分隔为较大的繁殖区和较小的、巢门开在侧面的处女王交尾区，并用覆布盖在框梁上，与繁殖区隔绝。在交尾区放 1 框粉蜜脾和 1 框老子脾，蜂数 2 脾，第 2 天介绍王台。

　　小群作交尾群，节省蜜蜂，蜂王交配时间早。

　　或用一只标准郎氏巢箱 1 分 4 组织交尾群，在介绍王台前 1 天的午后进行，蜂巢用闸板隔成 4 区，覆布置于副盖下方使之相互隔断，每区放 2 张标准巢脾，东西南北方向分别开巢门。从强群中提取所需要的子、粉、蜜脾和工蜂，以 5 000 只蜜蜂为宜。除去自然王台后分配到各专门的交尾区中，并多分配一些幼蜂，使蜂多于脾。其他管理同上。

三、提交蜂王

利用大群交尾管理法，一次育王交尾成功率一般在原有蜂群数量的 125% 以上。蜂王育成后及时淘汰劣质蜂王，蜂群进入正常的繁殖状态。

如果是专用交尾箱新王已产卵，对质量合格的蜂王及时交付生产蜂群或繁殖蜂群，及时淘汰劣质蜂王。优质蜂王产卵量大、控制分蜂的能力强。从外观判断，蜂王体大匀称、颜色鲜亮、行动稳健。

(一) 装笼邮寄

通过购买和交换引进蜂王，推广良种，需要把蜂王装入王笼里邮寄，用炼糖作为饲料，正常情况下，路程时间在 1 周左右是安全的。

1. 带水邮寄　王笼一端装炼糖，炼糖上面盖 1 片塑料，另一端塞上脱脂棉，向脱脂棉注水半饮料瓶盖。将蜂王和 7 只年轻工蜂装在中间两室，然后套上纱袋，再用橡皮筋固定，最后装进牛皮纸信封中，用快递（集中）投寄（图 117）。

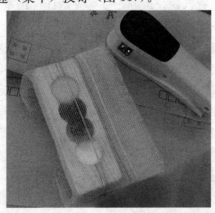

图 117　喂水蜂王邮寄法

2. 无水邮寄 王笼两侧凿开2毫米宽的缝隙，深与蜜蜂活动室相通，一端装炼糖，炼糖上部覆盖一片塑料，中间和另一端装蜂王、6～7只年轻工蜂，然后用铁纱网和订书钉封闭，再数个并列，用胶带捆绑四面，留侧面透气，最后固定在有穿孔的快递盒中邮寄（图118）。

图118 无水蜂王邮寄法

（二）更换蜂王

1. 导入蜂王方法

（1）邮寄王笼导入 接到蜂王后，首先打开笼门，将王笼中的工蜂放出，然后关闭笼门，再将王笼储备炼糖的一端朝上，最后把邮寄王笼置于无王群相邻两巢脾框耳中间，3天后无工蜂围困王笼时，再放出蜂王。

（2）竹丝王笼导入 将蜂王装进竹丝王笼中，用报纸裹上2～3层，在笼门一侧用针刺出多个小孔，然后抽出笼门的竹丝，并在王笼上下孔注入几滴蜂蜜，最后将王笼挂在无王群的框耳上，3天后取出王笼（图119至图124）。

（3）幼蜂接收导入 对于贵重王导入蜂群，可在正常蜂群的铁纱副盖上加继箱，从他群抽出正出房的子脾2张，清除蜜蜂后放进继箱中央，随即将蜂王放在巢脾上，盖上副盖、箱盖，另开异向巢门供出入，注意保温。

（4）直接导入　主要蜜源花期，晴暖午后，打开蜂箱，找到原群蜂王并抓出，将新王置于原群蜂王位置。

图 119　介绍蜂王——准备

图 120　将蜂王单独装笼

图 121　报纸包裹王笼、扎孔

图 122 打开"笼门"

图 123 "笼门"涂蜜

图 124 置王笼于两框耳间

2. 注意事项 在导入蜂王之前，须检查蜂群，提出原有蜂王，并将王台清除干净。直接导入蜂王时，捕捉、放置蜂王操作须准确、快速，整个过程勿使蜂王反抗和惊扰工蜂。

3. 解救被围蜂王 放出蜂王后，如果发现工蜂围王，应将围王蜂团置于温水中，待蜜蜂散开，找出蜂王。如果蜂王没有死亡或受伤，就采取更加安全的方法再次导入蜂群。

模块四　意蜂养殖管理有方有序

■ 专题一　获取蜂群 ■

养蜂伊始，获得蜂群的方法有购买和狩猎，平原地区以购买为主，山区多猎获野蜂。

一、诱捕野生蜂群

在分蜂季节，将蜂箱置于野生蜂群多且朝阳的半山坡上，内置镶嵌好的巢础框，固定巢框，飞出来的野生蜂群就会住进去。隔两天巡视一遍，将住进蜂群的蜂箱搬到合适的地方饲养，或就地饲养（图 125），蜂箱搬走后，在原位置再放置蜂箱，继续引蜂入住。

图 125　搜捕野生蜂群——设置诱饵蜂箱

新使用的蜂箱（桶），用煮蜜蜡的水进行浸泡，更易招引蜜蜂。

二、购买蜂群

（一）挑选蜂群

1. 先观察 从高产稳产无病的蜂场购买蜂群。挑选蜂群应在晴暖天气的中午到蜂场观察，所购蜂群要求蜂多而飞行有力有序，蜂声明显，工蜂健康，有大量花粉带回；巢前无爬蜂、酸和腥臭气味、石灰子样蜂尸等病态，然后再打开蜂箱进一步挑选。

2. 后开箱

（1）蜂王　颜色新鲜，体大胸宽，腹部秀长丰满，行动稳健，产卵时腹部伸缩灵敏，动作迅速，提脾安稳，产卵不停。

（2）工蜂　个大、体壮，新蜂多、色一致，健康无病，性情温顺，开箱时安静、不扑人、不乱爬。

（3）子脾　面积大，封盖子脾整齐成片（图 126）、无花子、无白头蛹（图 127）和白垩病等病态，子脾占总脾数的一半以上；幼虫色白晶亮饱满。

图 126　正常的封盖子脾

（4）巢脾　不发黑，雄蜂房少或无，有一定数量的蜜粉。

（5）蜂箱　坚固严密，尺寸标准。

（6）群势　早春不小于 2 框足蜂，夏秋季节大于 5 框。

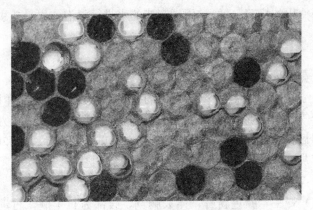

图 127 白头蛹（由巢虫、蜂螨引起）

（二）定价付款

买蜂以群论价，脾是群的基本单位。脾的两面爬满蜜蜂（不重叠、不露脾）为 1 脾蜂，意蜂约 2 400 只，中蜂约 3 000 只。20 世纪末，在河南省正常情况下，早春 1 脾蜂 20～40 元，秋季则 10 元左右；进入 21 世纪 20 年代，早春 1 脾蜂 80～100 元，秋季则 50 元左右。

买蜂也以重量计价（如笼蜂），一般 1 千克约有 10 000 只意蜂，约有 12 500 只中蜂，占 4 个标准巢框。

三、摆放蜂群

排列蜂群的方式多样，以蜂群数量、场地面积、蜂种和季节等而定，以方便管理、利于生产和不易引起盗蜂为原则。放置蜂群，要求前低后高，左右平衡，用支架或砖块垫底，使蜂箱脱离地面。

1. 散放 根据地形、树木或管理需要，蜂群散放在四周，或加大蜂群间的距离排列蜂群，适合交配群、家庭养蜂和中蜂的饲养。

2. 分组 摆放意蜂群等西方蜜蜂，应采取 2 箱 1 组排列，前后箱错开，或依地形放置；各箱紧靠排"一"字形，适应于冬季摆放蜂群；在车站、码头或囿于场地，多按圈形或方形排列（图

128、图 129）。在国外，常见巢门朝向东南西北四个方向的 4 箱 1
组的排列方式，蜂箱置于托盘上，有利于机械装卸和越冬保暖
包装。

图 128　2 箱 1 组分组摆放，前低后高左右平衡

图 129　圈形摆放

成排摆放蜂群，每排不宜过长，以防蜂盗，避免偏集。

■ 专题二　检查蜂群 ■

一、检查方法

（一）箱外观察

根据蜜蜂习性和养蜂经验，通过观察判断蜂群状况，然后决定
是否开箱检查。

1. 蜜源与蜂群　在天气晴朗、外界有蜜源时期，工蜂进出巢

113

频繁，说明群强，外界蜜源充足。携带花粉的蜜蜂多，说明蜂王产卵积极，巢内幼虫较多，繁殖好。若见采集蜂出入懈怠，很少带回花粉，说明繁殖差，可能是蜂王质量差或蜂群出现分蜂热；如有工蜂在巢门附近轻轻摇动双翅，来回爬行、焦急不安，是蜂群无王的表现。如果有蜜蜂伺机瞅缝隙钻空子进巢，则为蜜源中断的现象。春季巢门前有黑色或白色石灰子样的蜂尸，蜂群则患了白垩病；夏季巢穴中散发出腥或酸臭味，则蜂群患了幼虫腐烂病；冬季巢门前有蜜蜂翅膀，箱内必有鼠；从箱后抬蜂箱，根据箱重判断食物量。

2. 受热的蜂群　生产花粉时，蜜蜂进出巢数量大减，或卸蜂时打开巢门，蜜蜂爬在箱内外不动，说明蜜蜂已经受闷，应及时给蜜蜂通风。在运蜂途中蜜蜂急躁围堵通风窗，并发出嗤嗤声，散发出刺鼻的气味，此时要捅破通风窗，以挽救蜂群。

(二) 开箱检查

打开蜂箱将巢脾依次提出仔细查看，全面了解蜂群的蜂、子、王、脾、蜜、粉和健康与否等情况，在分蜂季节，还要注意自然王台和分蜂热现象，开箱检查会使蜂巢温度、湿度发生变化，影响蜂群正常生活，还易发生盗蜂，费工费时。因此，要尽量减少开箱检查次数。

1. 时间选择　一般在流蜜期始末、分蜂期、越冬前后和防治病虫害时期，选择气温12℃以上的无风晴朗天气进行。一天当中，流蜜期要避开蜜蜂出勤高峰时；蜜源缺乏季节在早晚蜜蜂不活动时，并在框梁上盖上覆布，勿使糖汁落在箱外；夏天应在早晚，天冷则在中午前后；交尾群应在上午进行；对中蜂宜在午后做全面检查。

2. 开箱操作程序　见图130。

3. 开箱操作方法　人站在蜂箱的侧面，先拿下箱盖，斜倚在蜂箱后箱壁，揭开覆布，用起刮刀的直刃撬动副盖，取下副盖反搭在巢门踏板前，然后，将起刮刀的弯刃依次插入蜂路撬动框耳，推开隔板，用双手拇指和食指紧捏巢脾两侧的框耳，将巢脾水平竖直向上提出，置于蜂箱的正上方。先看正对着的一面，再看另一面

（图131）。检查过程中，需要处理的问题应随手解决，检查结束时应将巢脾恢复原状。恢复蜂路时，巢脾与巢脾之间相距10毫米左右。最后推上隔板，盖上副盖、覆布和箱盖，然后做记录。

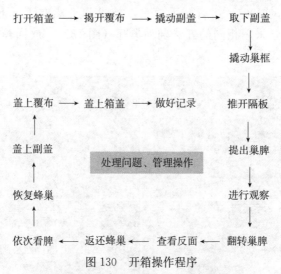

图130 开箱操作程序

图131 检查蜂群，先看正对的一面

在检查继箱群时，首先把箱盖反放在箱后，用起刮刀的直刃撬动继箱，使之与隔王板等松开，然后，搬起继箱，横搁在箱盖上。检查完巢箱后，把继箱加上，再检查继箱。

4. 翻转巢脾　一手向上提巢脾，使框梁与地面垂直，并以上梁为轴转动 180°，然后两手放平，使巢脾上梁在下，下梁在上，查看完毕，采用相同的方法翻动巢脾（图 132），放回箱内，再提下脾进行查看。

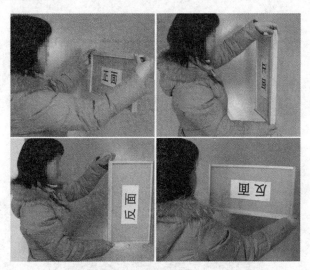

图 132　翻转巢脾的方法

在熟练的情况下，或无需仔细观察卵、小虫时可不翻转巢脾，先看面对的一面，然后，将巢脾下缘前伸，头前倾看另一面，看完放回箱内。

二、做好记录

养蜂记录主要有检查记录、生产记录、天气和蜜源记录、蜂病和防治记录、蜂王基本情况和表现记录、蜂群活动情况和管理措施等，系统地做好记录，是总结经验教训提高养蜂技术和制定工作计划的重要依据，也是蜂产品质量溯源性体系建设的组成部分。

蜜蜂数量是蜂群的主要质量标志，常用强、中、弱表达（表

12)。开箱检查，根据巢脾数量、蜜蜂稀稠估计蜜蜂数量。在繁殖季节，蜂群的子脾数量是群势发展的潜力，在仲春蜂群增殖时期，群势可达到 10 天增加 1 倍的发展速度，在夏季，1 张蛹脾羽化出的蜜蜂所维持的群势，仅相当于春季的 1.5 框蜂，秋季更少，1 脾蛹仅相当于春季的 1 框蜂，这是夏秋成年蜜蜂寿命短的缘故。夏秋蜜蜂寿命长短，与蜂群在这一时期的营养、群势和劳动强度等相关，强群、食物充足的寿命长。

表 12　群势强弱对照表（供参考）

单位：脾

蜂种	时　期	强群		中等群		弱群	
		蜂数	子脾数	蜂数	子脾数	蜂数	子脾数
西方蜜蜂	早春繁殖期	>6	>4	4~5	>3	<3	<3
	夏季强盛期	>16	>10	>10	>7	<10	<7
	冬前断子期	>8	—	6~7	—	<5	—
中华蜜蜂	早春繁殖期	>3	>2	>2	>1	<1	<1
	夏季强盛期	>10	>6	>5	>3	<5	<3
	冬前断子期	>4	—	>3	—	<3	—

三、预防蜂蜇

开箱是对蜂群的侵犯，招惹工蜂蜇刺是正常的。当蜂群受到外界干扰后，工蜂将螫针刺入敌体，螫针连同毒囊一齐与蜂体断裂，在螫针相连器官有节奏的运动下，螫针继续深入射毒。

（一）蜂蜇引起的反应

1. 炎症　蜂蜇使人疼痛（持续约 2 分钟），被蜇部位红肿发痒，面部被蜇还影响美观，有些人对蜂蜇过敏，受群蜂攻击，还会发生中毒现象。

2. 过敏症状　面红耳赤、恶心呕吐、腹泻肚疼，全身出现斑疹，瘙痒难忍，发烧寒战，甚至发生休克。一般情况下，过敏出现的时间与被蜇时间越短，表现越严重，须及时救治。

3. 中毒症状 失去知觉，血压快速下降，浑身冷热异常。

（二）预防蜂蜇的办法

1. 设隔离区 蜂场设在僻静处，周围设置障碍物，如用栅栏、绳索围绕阻隔，防止无关人员或牲畜进入。在蜂场入口处或明显位置竖立警示牌，以避免事故发生（图133）。

图133 蜂场设立警告标志

2. 穿防护衣、戴防护帽 操作人员应戴好蜂帽，将袖、裤口扎紧，这对蜂产品生产和蜂群的管理工作是非常必要的，尤其是运输蜂群时的装卸工作，对工作人员的保护更是不可缺少。

3. 注意个人行为 遵循程序检查蜂群，操作人员应讲究卫生，着白色或浅色衣服，勿带异味，勿对蜜蜂喘粗气和大声说话。心平气和，操作准确，不挤压蜜蜂，轻拿轻放，不震动碰撞，尽量缩短开箱时间。忌站在箱前阻挡蜂路和穿蜜蜂记恨的黑色毛茸茸的衣裤。

若蜜蜂起飞扑面或绕头盘旋时，应微闭双眼，双手遮住面部或头发，稍停片刻，蜜蜂会自动飞走，忌用手乱拍乱打、摇头或丢脾狂奔逃跑。若蜜蜂钻进袖和裤内，将其捏死；若钻入鼻孔和头发内，就及时压死，钻入耳朵中可压死，也可等其自动退出。在处死蜜蜂的位置，用清水洗掉异味。

4. 用烟镇压 开箱前准备好喷烟器（或火香、艾草绳等发烟的东西），喷烟驯服好蜇的蜜蜂。

（三）被蜇后处置措施

被蜜蜂蜇后，首先要冷静，不能紧张，放好巢脾，然后用指甲反向刮掉螫针，或借衣服、箱壁等顺势擦掉螫针，最后用手遮蔽被螫部位，再到安全地方用清水冲洗。如果被群蜂围攻，先用双手保护头部，退回屋（棚）中或离开蜂场，等没有蜜蜂围绕时再清除螫针、清洗创伤，视情况实施下一步的治疗措施。

多数人初次被蜂螫后，局部迅速出现红肿热痛的急性炎症，尤其是螫在面部，反应更为严重，一般 3 天后可自愈。受伤部位红肿期间勿抓破皮肤。

对少数过敏者或中毒者，应及时给予扑尔敏口服或注射肾上腺素，并到医院救治。

■ 专题三 日常工作 ■

一、修造巢脾

（一）上础

包括钉框→打孔→穿线→镶础→埋线五个工序。

1. 钉框 先用小钉子将侧条上端与上梁两端单肩榫固定，再用钉固定下梁和侧条，最后从上梁两端上方和侧条钉钉加固。用模具、机械固定巢框，可提高效率（图 134）。钉框须结实、端正，上梁、下梁和侧条须在一个平面上。

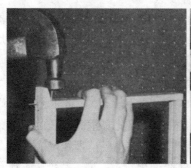

图 134 钉 框
（引自 Elbert，1979）

2. 打孔 取出巢框，用量眼尺卡住边条，从量眼尺孔上等距离垂直地在边条上钻 3～4 个小孔。

3. 穿线 如图 135 所示，穿上 24 号铁丝，先将其一头在边条上固定，依次逐道将每根铁丝拉紧，直到使每根铁丝用手弹拨发出清脆之音为止，最后将铁丝的另一头固定。

图 135　穿　线

4. 镶础 槽框上梁在下、下梁在上置于桌面。先把巢础的一边插入巢框上梁腹面的槽沟内，巢础左右两边距两侧条 2～3 毫米，下边距下梁 5～10 毫米，然后用熔蜡壶沿槽沟均匀地浇入少许蜂蜡液，使巢础粘在框梁上；或将蜡片在阳光下晒软，捏成豆粒大小，双手各拿 1 粒，隔着巢础，从两边对着一点用力挤压，使巢础粘在框梁上，自两头到中间等距离粘合 5 点。

5. 埋线 将巢础框平放在埋线板上，从中间开始，用埋线器卡住铁丝滑动或滚动，把每根铁丝埋入巢础中央。埋线时用力要均匀适度，即要把铁丝与巢础粘牢，又要避免压断巢础。

DM-1 电热埋线：在巢础下面垫好埋线板，套一巢框，使框线位于巢础的上面。接通电埋线器电源（6～12 伏），将 1 个输出端与框线的一端相连，然后一手持 1 根长度略比巢框高度长的小木条轻压上梁和下梁的中部，使框线紧贴础面，一手持埋线电源的另一个输出端与框线的另一端接通。框线通电变热，6～8 秒（或视具体情况而定）后断开，烧热的框线将部分础蜡熔化并被蜡液封闭粘合（图 136）。

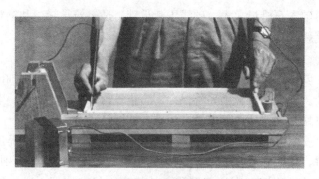

图 136 电热埋线
(引自 Winter，1980)

安装的巢础要求平整、牢固，没有断裂、起伏、偏斜的现象，巢础框暂存空箱内备用。

蜂具加工厂商，钉框、穿线和上础已经实现机械化、流水线操作，效率提高十多倍。

（二）造脾

1. 加础　在傍晚将巢础框插在边脾的位置，1 次加 1 张，加多张时，与原有巢脾间隔放置。造脾蜂群须保持蜂多于脾，饲料充足，在外界蜜源缺乏季节，须给蜂群喂糖。

2. 矫正　巢础加进蜂群后，第二天检查，对发生变形、扭曲、坠裂和脱线的巢脾，及时抽出淘汰，或加以矫正后将其放入刚产卵的新王群中进行修补（图 137）。

图 137　修正巢脾
A. 一张合格的新脾　B. 一张扭曲撕裂的新脾

121

巢础含石蜡量太大、础线压断巢础、适龄筑巢蜂少和饲料不足都会使新脾变形。

（三）保存

主要蜜源花期结束，或自秋末到次年春天，从蜂群中抽出多余的巢脾。抽出的巢脾须妥善保存，防止发霉、积尘、虫蛀、老鼠破坏和盗蜂，贮存地点要求没有污染，清洁、干燥、严密。

1. 分类与清洁　除作饲料脾外，把抽出巢脾的蜂蜜摇出，返还蜂群，让蜜蜂舐吸干净，然后再抽出。将旧脾和病脾分别化蜡，能利用的巢脾用起刮刀把框梁上的蜡瘤、蜂胶清理干净，削平巢房，分类装入继箱或放进特设的巢脾贮存室。

2. 消毒与杀虫　详见模块六。

二、合并蜂群

把 2 群或 2 群以上的蜜蜂全部或部分合成 1 个独立的生活群体叫合并蜂群。无王群、蜂王老弱病残的群、无法越冬群、不利于生产和繁殖的群，以及育王结束后的小交配群都应及时合并。

蜂群的生活具有相对的独立性，每个蜂群都有其独特的气味——群味，蜜蜂凭借灵敏的嗅觉，准确地分辨出自己的同伴或其他蜂群的成员，因此，将无王的蜜蜂合并到有王群中，混淆群味是成功合并蜂群的关键。

1. 操作程序　取 1 张报纸，用小钉扎多个小孔。把有王群的箱盖和副盖取下，将报纸铺盖在巢箱上，上面叠加继箱，然后将无王群的巢脾放在继箱内，盖好蜂箱即可（图 138）。一般 10 小时左右，蜜蜂将报纸咬破，群味自然混合，3 日后撤去报纸，整理蜂巢。

2. 注意事项　合并蜂群的前一天，彻底检查被合并群，除去所有王台或品质差的蜂王，把无王群并入有王群，弱群并入强群。相邻合并，傍晚进行。

图138 报纸法合并蜂群

三、防止盗蜂

盗蜂是进入别的蜂群或贮蜜场所采集蜂蜜的蜜蜂。

（一）盗蜂起因、危害和识别

1. 起因 主要起因是外界缺乏蜜源、蜂群群势悬殊、中蜂与意蜂同场饲养或蜂场相距过近（图139、图140）、同一蜂场蜂箱摆放过长（大）以及蜂箱巢门过高、箱内饲料不足、管理不善等，另外，喂水和阳光直射巢门等也易引发盗蜂。

图139 中蜂攻不入意蜂巢穴，选择拦截回巢的意蜂勒索食物

图 140　1 只中蜂被 2 只守卫的意蜂抓获，逃脱不了就被杀死，
这是中蜂和意蜂同场饲养，中蜂群势下降的原因之一

盗蜂多是身体油光发亮的老年蜂，它们早出晚归。

2. 危害　一旦发生盗蜂，轻者受害群的生活秩序被打乱，蜜蜂变得凶暴；重者受害群的蜂蜜被掠夺一空，工蜂大量伤亡；更严重者，被盗群的蜂王被围杀或举群弃巢飞逃，若各群互盗，全场则有覆灭的危险。另外，作盗群和被盗群的工蜂都有早衰现象，会给后来的繁殖等工作造成影响。

3. 识别　盗蜂要抢入蜂巢，守门蜂要加以阻挡。刚开始，盗蜂在被盗群周围盘旋飞翔，寻缝乱钻，企图进箱，落在巢门口的盗蜂不时起飞，一味"逃避"守卫蜂的"攻击"和"检查"，一旦被对方咬住，双方即开始咬杀，如果抢入巢内，就上脾吸饱蜂蜜，然后匆忙出巢，在被盗群上空盘旋数圈后飞回原群。盗蜂回巢后将信息传递给其他工蜂，遂率众前往被盗群强盗搬蜜。凡是被盗群，箱周围蜜蜂秩序混乱，并伴有尖锐叫声，地上蜜蜂抱团撕咬，有爬行的，有乱飞的。有些弱群的巢门前虽然不见工蜂拼杀，也不见守卫蜂，但蜜蜂突然增多，外界又无花蜜可采，这表明已被盗蜂征服。

（二）预防盗蜂

1. 保持蜂群食物充足　选择有丰富、优良蜜源的场地放蜂，留足饲料。在繁殖越冬蜂前喂足越冬饲料，抽饲料脾给弱群。补充饲料，白糖为主，如果喂蜜，仅能添加蜜脾。

2. 常年饲养强群。

3. **管理到位**　重视蜜、蜡保存，做到蜜不露缸、脾不露箱、蜂不露脾。场地上洒落蜜汁应及时用湿布擦干或用泥土盖严，取蜜作业在室内进行，结束后洗净摇蜜机。蜜源缺乏时期开箱看蜂要趁一早一晚，并用覆布遮盖暴露的蜂巢。降低巢门高度（6~7毫米）。中蜂和意蜂不同场饲养，对盗性强和守卫能力低的蜂种进行改造。相邻两蜂场应距2千米以上，忌场后建场，同一蜂场蜂箱不摆放过长。

（三）制止盗蜂

1. **保护被盗群**　初起盗蜂，立即降低被盗群的巢门，然后用方形白色透明塑料布搭住被盗群的前后左右，后面和左右搭到底，与地面接触，不留空隙；前面（巢门一方）直搭到距地面2~3厘米高处，留下空隙供蜜蜂出入。2~3小时蜜蜂安静后，清水冲洗被盗蜂群的巢门。3天后取走塑料布。

2. **处理作盗群**　如果一群盗几群，就将作盗群搬离原址数十米，原位置放带空脾的巢箱，收罗盗蜂，2天后将原群搬回。如有必要，于傍晚在场地中燃火（如点燃自行车外胎），消灭来投的盗蜂。

3. **春季集中控制盗蜂**　选择风和日丽，即当天气温必须适合蜜蜂出勤活动，能让盗蜂全部出巢。时间选在当天下午，事前把箱捆好，16：00—17：00正常出勤蜜蜂基本回巢，盗蜂仍在猖狂活动时进行。30箱蜂需要1人，180箱蜂需要6人。首先将蜂场放蜂位置用生石灰划线标注，然后对各个蜂箱进行编号，并将编号准确标注在蜂箱所在石灰线上；或者将上述划线、编号、标注在一个草纸上。准备收容蜂巢按30箱蜂需要空箱1只（套），如180箱蜂需要6只（套），每箱放3张巢脾；每箱分配蜂王1只，并用铁纱王笼关闭（保护），吊挂在两巢脾之间。将蜂箱（群）全部搬到离原场地3米以外的地方码好，不关巢门，放盗蜂飞出来。把收容蜂巢（箱）分散放在蜂场的"中间"位置，盗蜂从原来蜂箱飞出来，并在蜂场集中盘旋飞翔后，会很快进入收容蜂巢中。随着气温下降，盗蜂也停止了活动，先把装盗蜂的几个箱子搬到离蜂场较远的地方放置。然后将码好堆垛的蜂群（箱）分别对号就位，放回原处。

将收拢的盗蜂，根据数量，分别集中到 4 个箱子里，转移到离原蜂场 5 千米以外的地方，近距离、门对门放置，正常繁殖，约过 1 个月时间，再把它们拉回原场。

4. 秋季处理全场盗蜂的方法　在 5 千米以外的地方选择开阔的新场地，将蜂群送到后，20 箱蜂为一组分组，如 240 箱蜂分 12 组。蜂群按每组 10 箱朝东、10 箱朝西放置，两排中间相距（箱盖）10 厘米，尽头分别用物堵严；一排蜂群，箱箱紧靠，不留间隙，相邻箱间空隙用草堵严，蜂箱底部间隙用土封闭，即两排蜂箱四周全部封闭，所有蜂群的蜜蜂进出蜂箱（巢），须全部向上爬，直到箱盖才能外出采水、采粉；回来后降落蜂盖上，再向下爬入蜂箱内。

工作完毕，正常管理，没有吃的蜂群喂些糖水，10 天左右一切正常，再分别把两排蜂箱各向后退出 1.5 米左右，中间相距约 3 米，正常管理，或者拉回原地饲养。

四、处理工蜂产卵

蜂群无王的情况下，部分工蜂卵巢发育，并向巢房中产下未受精卵（图 141、图 142），这些卵有些被工蜂清除，有些发育成雄蜂，自然发展下去，蜂群灭亡。一旦发现工蜂产卵，将蜜蜂分散合并，巢脾化蜡。

图 141　蜂王产的卵

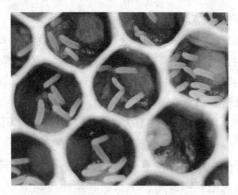

图 142 工蜂产的卵

预防措施是及时发现无王蜂群，导入新蜂王。

五、春季繁殖遇寒流天气应急预案

（一）长期低温寒流

7 天以上连续寒流即是灾害天气（图 143），灾害天气条件下蜂群繁殖应采取如下措施。

图 143 倒春寒

（祁文忠 摄）

1. 疏导 适时掌握天气情况，利用有限的好天气（无风晴暖10℃以上），饲喂稀薄糖水促蜂排泄。

2. 控制繁殖 撤去保温包装物，折叠覆布，增加通风面积，降低巢温使蜜蜂安静。如果箱内有水，蜜蜂还要飞出蜂箱，则开大巢门，继续降低巢温，直到蜜蜂不再活动为止。

3. 控制饲料 如果蜂群中糖饲料充足，就不喂蜂。如果缺糖无食，就饲喂储备的蜜脾。如果没有蜜脾，就将蜂蜜兑 $10\%\sim20\%$ 的水并加热，然后用棉布包裹置于框梁喂蜂。如果既没有蜜脾，也没有蜂蜜，就喂浓糖浆，糖水比为 1:$(0.5\sim0.7)$，加热使糖粒完全熔化，再降温至 40℃ 左右灌脾喂蜂。喂糖浆时，可在糖浆中加入 $0.1\%\sim0.2\%$ 的蔗糖酶或 0.1% 的酒石酸（或柠檬酸），防止糖浆在蜂房中结晶。注意一次喂够，不得连续饲喂、多喂，以够吃维持生命为限；喂蜂时，不得引起蜜蜂飞翔。

喂蜜脾前在室内加温 24 小时，使糖脾温度升高，傍晚加入蜂群。

如果蜂巢中有较充足的花粉，采取既不抽出，也不喂的措施；如果蜂群缺粉，喂花粉饼，蜜蜂停止取食时停喂。

保持蜂群饮水充足。给蜂群箱内喂水，如果蜜蜂还向外飞，可打开箱盖，将副盖向后移动露出前方框耳，用水浇洒框耳。

（二）中、短期低温寒流

早春繁殖时期，连续低温如果不超过 4 天，傍晚多喂浓糖浆，保持蜂巢温度稳定；如果在 4～7 天之间，就不喂蜂，折叠覆布一角与巢门结合通风透气，保持箱内花粉和水供应。

（三）寒流后管理

低温寒流天气过后，及时整理蜂群，清除箱底杂物，撤出死亡蜜蜂（子）巢脾；不再做蜂群保温处置；保持蜂多于脾；补充饲料。其他按计划正常管理。

六、养蜂生产防汛救灾应急预案

（一）预防措施

刺槐、泡桐、荆条、枣树、青麸杨、夏枯草、芝麻场等蜜源场地在山区的，蜂箱、帐篷不得选在水头上、谷底、河谷平地和半河坡地，以及山坡易滑地方，蜂箱摆放左右平衡，尽量前后水平或前略低后略高，防止蜂箱受水、风的影响翻倒；在平原的，蜂箱放在地势较高的地方，并可向四周排水。

（二）受灾预案

1. 给蜂群定位 蜂群摆放好后，画一个蜂场图，标注每个蜂箱的位置。

2. 储备蜂王 利用小群储备一些蜂王，有条件的地方，可以选定技术力量强、条件比较优越的蜂场，每年培育、储备一定数量的生产王。

3. 给蜂群买保险 以养蜂专业合作社为基础，与当地职能部门合作，政府群众共同出资向保险公司投保，保损约 700 元/群，减轻万一发生自然灾害给养蜂生产带来的损失。

（三）受灾处理

1. 临时搬离低洼地带 受大雨袭击、洪水冲击的蜂群，在保证人员安全的前提下，及时将蜂群移到安全的地方，可将蜂群码起来，然后用遮光罩搭盖蜂垛，但要给蜂群通风、时时洒水，减少蜜蜂活动。待雨水退去，再按原来位置安置蜂群。

2. 全部被水淹泡（图 144） 建议将受损巢脾和蜂箱及时运送到 1 千米外的地方，快速将巢脾割除，作化蜡或出售处理，清洗巢框和蜂箱；剩余蜜蜂装车运走，到达地方后每群蜂留脾 1 张（视情况），每天少量喂糖繁殖，争取剩余蜜蜂能够越冬。

图 144 受水浸泡的蜂场
（侯朝阳 摄）

3. 蜂群部分被水淹泡　建议原地不动采取措施，即请蜂友帮助，在短时间内（如一个下午）将所有巢箱巢脾取出等待化蜡或出售处理，如有条件清洗蜂箱；继箱巢脾压下（放在巢箱）繁殖。蜜、粉缺乏，少量饲喂。

及时补充蜂王给无王群。

4. 止损降损　如实上报灾情——蜂群受灾时对受损蜂场拍照、录像，及时上报情况，向有关职能部门反映受灾实情，同时邀请保险公司和计价部门核准评估损失，共同出具证明，争取灾害补损。如果可能，合作社向受灾蜂场，支援蜂群、蜂王，帮助蜂场重建。

■ 专题四　　繁殖管理 ■

一、春季繁殖

（一）开繁前管理

1. 选择场地　选择向阳、干燥，有榆树、杨树和油菜等早期蜜源的地方摆放蜂群，蜂群 2 箱 1 组或连着放，但不宜过长，前后排间隔约 3 米。蜂路开阔，避开风口。在南方多风的地方，蜂群摆放还要求地势不高不低，雨天能排水。在湖北油菜蜜源场地，要求蜂场小环境与大田环境相同。

2. 促蜂排泄　蜂群进场后，或越冬室的蜂群搬到场地摆放好后，选择中午气温在 10℃ 以上的晴暖无风天气，10：00—14：00 掀起箱盖，使阳光直照覆布，提高巢内温度，若同时喂给蜂群 100 克 50％ 的糖水，更能促使蜜蜂出巢排泄。

促蜂排泄的时间，河南宜选在立春节气前后，即离早期蜜源开花前半个月左右，其他地区定在第一个主要蜜源出现前的 30 天合适，对患腹泻病的蜂群应再提前 20 天。在第一次排泄时要用√形钩从巢门掏出死蜂。蜜蜂排泄后若不及时繁殖，应对巢门遮光或控制蜂王。

促蜂排泄要连续 2～3 次。在排泄飞翔时，蜂群越壮飞出的蜜蜂越多。越冬正常的蜂群，蜜蜂体色鲜艳，腹部较小，飞翔有序，蜂声有力，在较远处排出像线头一样的粪便（图145）。因受不良饲料、潮湿等影响患腹泻病的蜜蜂，体色灰暗，腹部胀大，行动迟缓，在蜂箱附近或箱体上排出玉米粒大小的一片稀薄粪便。如果蜂群丢失蜂王，工蜂会在巢门前惊慌乱爬，久不回巢，蜂团松散。缺少食物的蜂群，巢前拖出大量体小轻飘的死蜂，蜜蜂飞行时间长，箱内嗡嗡声不断。对越冬有问题的蜂群，应及时开箱进行处理。

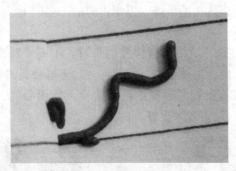

图145　正常工蜂早春排泄物

3. 开箱检查　蜜蜂排泄飞翔后，及时开箱用王笼把蜂王关起来（与后面治螨结合），吊在蜂团的中央，同时抽出多余的巢脾，使蜂脾相称。患病（如腹泻）蜂群，要求蜂多于脾。

4. 防止饥饿　对缺蜜的蜂群，傍晚补给蜜脾。

(二) 繁殖中管理

1. 繁殖时间　完成上述工作后，关王的蜂群要及时放王产卵，繁殖正式开始。如南方转地蜂场在1月中旬、定地蜂场在2月初开始；东北在3月中旬，计划在椴树开花前分蜂的场早一些，不分蜂的场晚些；在河南，蜂群春季繁殖的时间宜在雨水节气前后；计划在春季蜜源花期生产的蜂场，在立春节气前后开始，即提前繁殖应在第一个蜜源开花散粉前的20天开始。

春季繁殖时间越早，蜂群管理要求越高。

2. 防治蜂螨　在蜂王刚产卵时，选晴暖天气的中午前后，对全场蜂群治螨2次。一般用杀螨剂喷脾，群内有封盖子脾的须清除。在治螨前一天用1千克糖水喂蜂，或用500克糖水连喂2～3

次，效果会更好。同时将经过消毒的空箱与原蜂箱调换。

春季治螨，注意天气、方法和药量，谨防药害。

3. 紧脾升温　早春繁殖，每群蜂数在华北、东北和西北要达到 3～5 足框，华中地区须有 2 足框以上蜜蜂。把蜂脾比调整为 (2～1.5)∶1，使蜂多于脾，同时放宽蜂路。群势越小的蜂群，蜜蜂就越密集，而达到 7 框以上蜜蜂的蜂群，可以蜂脾相称繁殖。

早春开始繁殖用的巢脾，以蜜占脾的一半以上、无雄蜂房的粉蜜脾为宜。

4. 人工保温、防雨　群势强的蜂群，不需要特殊保温，只需用覆布盖严上口、副盖上加草帘即可。对于群势弱的蜂群，用干草围着蜂箱左右箱壁和后箱壁，箱底垫实。使用隔光、保温的罩衣（图 146、图 147），效果更好。

图 146　隔光保温罩衣——天气寒冷盖好蜂垛
(李福洲 摄)

罩衣由表层的银铂返阳光膜、红色冰丝、炭黑塑料蔽光层和红塑料透明层组成，层层透气、遮挡阳光，并可在上洒水。具有蔽光、保温和透气等功能。用于预防和制止盗蜂，保持温度和黑暗，防止空飞，延长蜜蜂寿命，避免农药中毒等管理措施。根据具体情况，决定关蜂和放蜂时间、排泄时间、是否洒水等。在 32℃ 以上高温期，罩蜂超过 6 小时的，须加强通风。

阴雨天气，蜂箱上盖塑料薄膜，盖后不盖前，防止雨淋，保持

图147　隔光保温罩衣——天气温暖进行管理
（李福洲 摄）

蜂巢干燥，有太阳时要拿掉。对蜂群保温处置宜在蜂王产卵10天左右开始，到群势发展到8框蜂左右时为止。

巢门向南的蜂群，刮东北季风开右巢门，刮西风开左巢门，不顶风开巢门。

人工保温处置，包外不包内，覆布应依据蜂群群势折叠一角，以利透气。

5. 食物补充　蜜蜂的食物是蜂乳、糖浆和花粉，饮水也不可少，蜂群繁殖要求"蜜、粉充足"和"蜂、乳平衡"。在早春1只越冬蜂泌乳仅能养活1条小幼虫（蜜蜂），即3脾蜂养活1脾子，按蜂数、糖量放脾，控制繁殖速度，达到"蜂、乳平衡"。工蜂泌乳所需要的营养和大幼虫的食物，则从花粉和蜂蜜（图148）中来。

（1）奖励喂蜂（喂糖）

①时间。一般从蜂王产卵开始，直到采集的花蜜略有盈余为止。有些蜂场喂糖是从新蜂出生一周后开始，即繁殖第一批子时不喂蜂，对越冬蜜蜂有很好的保护作用，是饲养健康蜜蜂的重要措施之一；繁殖第一批子所需糖饲料在前一年秋天要备足。

②方法。采取箱内塑料盒饲喂，一端喂糖浆，一端喂清水。如果饲料充足，每天或隔天喂1∶0.7的糖水100～250克，以够吃不产生蜜压卵圈为宜。如果缺食，先补足糖饲料，使每个巢脾上有

图 148　蜜蜂的食物——蜂蜜和蜂粮
（工蜂泌乳的营养、雄蜂和工蜂较大幼虫及成虫的食物）

0.5 千克糖蜜，再进行补偿性奖励饲养，以够当天消耗为准。

③糖水配制。先将 7 份清水烧开，再加入白糖 10 份，搅拌熔化，并加热至锅响为止。

④疾病预防（如果需要）。用大蒜 0.5 千克压碎榨汁，加入 50 千克糖浆中喂蜂，可预防美洲幼虫腐臭病、欧洲幼虫腐臭病、孢子虫病和爬蜂病。在 1 000 毫升糖浆中加 1 毫升食醋，也可预防孢子虫病。

⑤注意事项。禁用劣质、掺假或污染的饲料喂蜂，早春繁殖，不宜饲喂果葡糖浆。不喂锈桶盛装的蜂蜜，否则蜜蜂爬出箱外，若处置失当，将会全场覆没。用灌糖脾喂蜂的量不宜过大，防止蜂巢温度急剧下降和蜜蜂死亡。有短期寒流时多喂浓一点的糖浆或加糖脾，以防拖虫和子圈缩小。

（2）喂粉

①时间。一般在蜂王开始产卵时喂粉，保持蜂群繁殖有充足的蛋白质饲料。早春宜喂花粉脾，每脾贮存花粉 300～350 克，到主要蜜源植物开花并有足够的新鲜花粉进箱时为止。

②方法。喂花粉脾：将储备的花粉脾喷上少量稀薄糖水，直接加到蜂巢内供蜜蜂取食。

做花粉脾：把花粉团用水浸润，加入适量熟豆粉和糖粉，充分搅拌均匀，形成松散的细粉粒，用椭圆形的纸板（或木片）遮挡育虫房（巢脾中下部）后，把花粉装进空脾的巢房内，一边装一边轻轻揉压，使其装满填实，然后用蜜汁淋灌，渗入粉团。用与巢脾一样大小的塑料板或木板，遮盖做好的一面，再用同样方法做另一面，最后加入蜂巢供蜜蜂取食。

喂花粉饼：将花粉焖湿润，加入适量蜜汁或糖浆，充分搅拌均匀，做成饼状或条状，置于蜂巢幼虫脾的框梁上，上盖一层塑料薄膜，吃完再喂，直到外界粉源够蜜蜂食用为止（图149）。

图 149　喂花粉饼

③自配蛋白粉方。熟豆饼粉（或花生、芝麻、向日葵等粕粉）15%～30%、花粉70%～85%，用2：1的浓糖浆或蜜汁混合成颗粒状，然后再加工成花粉脾或花粉饼。在1千克食料中可添加赖氨酸、蛋氨酸、复合维生素各1克以及茴香油等促食剂。

④花粉消毒。由工厂或公司完成，钴60照射。蜂场消毒，把5～6个继箱叠在一起，每2个继箱之间放纱盖，纱盖上铺放2厘米厚的蜂花粉，边角不放，以利透气，然后，把整个箱体封闭，在下燃烧硫黄，3～5克/箱，间隔数小时后再熏蒸1次。密闭24小时，晾24小时后即可使用；或者利用磷化铝熏蒸。

⑤注意事项。建议早春饲喂没有变质的纯花粉给蜂群补充蛋白质。给蜂群喂茶花粉有助于预防白垩病，虞美人花粉虽能促进繁殖和抵抗疾病，但在没有充足的新鲜花粉采进时停止饲喂，否则将使蜂王的产卵量急剧下降。

（3）喂水　春季在箱内喂水，用脱脂棉连接水槽与巢脾上梁，并以小木棒支撑，让蜜蜂取食。每次喂水够3天饮用，间断2天再喂，水质要好。箱内喂水要一直喂冷水，或者一直喂温开水，不能冷热相间。

6. 扩大蜂巢　按蜂加脾，原则是：开始繁殖时蜂多于脾，繁殖中期蜂脾相称，繁殖盛期蜂略少于脾，生产开始时蜂脾相称，前期要稳，新老蜂交替期要压，发展期要快，群势发展到8框足蜂时即可撤保温物上继箱。

（1）多脾繁殖加脾（框）　时间一般在繁殖开始1个月左右，视天气情况和蜂数，提前或推后加脾。前期繁殖，蜂群有保温、育虫能力，隔板外堆积蜜蜂并造赘脾（图150）时，向蜂巢内边脾位置加入巢框造脾，如果子脾面积达90%、蜂多无赘脾，应加入糖脾补充饲料（图151）。中后期繁殖，蜜源多、温度高，可3天加1张巢础或巢脾，但蜂与脾的比例要相称，争取做到产1粒卵得1只蜂的效果。在巢脾数达到单王群4框、双王群6框时暂停加脾，使工蜂逐渐密集，为加继箱蓄积力量，或以强补弱，促进小群的发展。

赘脾

图 150　赘　脾

（2）单脾繁殖加脾　单脾开始春繁的蜂群，在第一张子脾封盖时即加第二张脾，注意饲喂，防止饥饿。

（3）蜂少于脾繁殖　早春繁殖时则应增加糖饲料（大糖脾），以调节子圈大小，同时，只有新蜂完全代替了隔年蜜蜂、蜂多于脾

图 151　半糖脾

后，才能向蜂群加脾，扩大蜂巢。

　　注意事项：加脾（框）于边脾位置，若采回的蜜粉多，而蜂数不足时，应加脾（框）在隔板外侧，蜂数足够后再调到隔板内侧。连续加脾（框）要求饲料足、保温好、子产到边角。开始向蜂巢加育过几代子的黄褐色带糖优质巢脾（图 152），巢内出现新蜡时加巢础框造脾。早期、阴雨连绵或饲料不足时加蜜粉脾，蜜多加空脾（框）。

图 152　饲料充足时加黄褐色巢脾

　　脾上有封盖糖不宜割脾。繁殖期，如果多数蜂群出现大量的封盖糖，要进行"压蜂"，加脾（框）要稳或缓加脾（框）。

　　（三）中后期管理

　　1. 防止空飞　在春季日照长的地区春繁，若外界长期无粉可采，应对蜂群进行遮盖，并注意箱内喂水。

2. 添加继箱　当春季蜂群发展到 6 框蜂时即可生产花粉，预防粉压子圈（图 153），加础造脾 2 张。发展到 8 框以上，王浆生产也将开始，如果不取浆不脱粉，大量蜜源开花泌蜜，给蜂群加继箱，继箱一次放置 4 张空脾供贮存蜂蜜，巢箱和继箱之间在 15 天内不调脾，以后根据群势发展，巢箱加巢框，老脾提继箱。以后遵循"生产期管理"。

图 153　粉压子圈

生产花粉不得影响繁殖，并在植物大流蜜时停止；王浆生产从蜂巢分区开始，直到全年蜜源结束为止。养蜂生产，在河南一般从 4 月初开始，长江流域及以南地区在 3 月，东北椴树蜜生产在 7 月。

3. 春季养王　蜂场每年都要尽早在第一个主要蜜源期培育、更换蜂王，种蜂的获得可以自己选育，也可以购买。在河南省，春季养王时间宜在 4 月初进行，具体方法见模块三。

二、夏季繁殖

（一）长江以北夏季繁殖

6—8 月，在长江以北地区，枣树、芝麻、荆条、椴树、棉花、草木樨、向日葵、荞麦等开花流蜜，是养蜂的生产季节，蜂群经过繁殖，其群势达到了生产要求。

1. 场地要求　地势高燥，阴凉通风，蜜源丰富，花粉够用，饮水充足洁净；勿在谷底、河沟半坡放置蜂群，防止水淹和水冲。蜂箱不得放在阳光直射下的水泥、沙石、砖面上。

2. 蜂群标准 新王，蜂群健康。蜂脾比例达到1∶1或蜂略多于脾，繁殖箱体，以生产王浆为主的放7～8巢脾（双王群）；以生产蜂蜜或花粉为主的放5～6脾，适当放宽蜂路；多箱体养蜂可用两个箱体繁殖。

3. 遮阳防暑 做好蜂群降温增湿工作，加宽巢门，盖好覆布。无树林遮阳的蜂场，可用黑色遮阳网或秸秆树枝置于蜂箱上方，阻挡阳光照射蜂巢（图154）。

多箱体养蜂

图154 将树枝置于蜂箱顶遮阳

4. 依势繁殖 蜜源丰富适当加础造脾，蜜源缺少抽出新脾。如果遭遇花期干旱等造成流蜜不畅，蜂群繁殖区巢脾要少放，蜂数要足，及时补充饲料。新脾抽出或靠边放。

5. 更新蜂王 有些蜂场，在荆条花中后期培育蜂王，为秋季和明年蜂群繁殖做准备。

6. 蜂病防治 预防农药、除草剂和激素中毒，防治大、小蜂螨。

（二）长江以南夏季繁殖

6—8月，长江以南地区，天气气温高，持续时间长，多数地区蜜粉源稀少，蜂群繁殖下降甚至中断，这些地区的夏季繁殖以更新蜜蜂越过夏季为目的。

1. 更换老劣王、培育越夏蜂 在越夏前一个月，养好一批蜂王，产卵 10 天后诱入蜂群，培育一批健康的越夏适龄蜂。

2. 保证充足的饲料 在进入越夏前，留足饲料蜜，每框蜂需要 2.5 千克，不足的补喂糖浆，并有计划地储备一部分蜜脾。

3. 调整蜂群、整理蜂巢 越夏蜂群，中蜂应有 3 足框以上的蜜蜂，意蜂要有 5 足框以上蜜蜂，不足的用强群子脾补够，弱群予以合并。提出多余巢脾，保持蜂脾相称。

4. 控制繁殖 在越夏期较长的地区，适当限制蜂王产卵量，但要保持巢内有 1～2 个子脾、2 个蜜脾和 1 个花粉脾，饲料不足即补充蜜粉脾。在越夏期较短的地区，可关王断子，在有蜜源出现后奖励饲喂进行繁殖。

也有部分地区，蜜源丰富，则繁殖兼顾生产。应奖励饲喂，以繁殖为主，兼顾王浆生产。繁殖区不宜放过多的巢脾，蜂数要充足。

无论更新蜜蜂、断子或繁殖生产，对蜂群都要遮阳、喂水，保持食物充足，清除胡蜂，防止盗蜂、中毒，合并弱群，防治蜂螨。

5. 越夏后的繁殖 蜂群越夏后，蜂王开始产卵，蜂群进入秋繁管理，做好抽脾缩巢、恢复蜂路、喂糖补粉、防止飞逃等工作。

三、秋季繁殖

在长江以南地区，秋季即要繁殖茶花、桂花、鹅掌柴、野坝子、枇杷等蜜源的采集蜂，还要利用冬季蜜源培育越冬蜂，可参照春季蜂群的管理进行。

在长江以北地区，秋季须繁殖好适龄越冬蜂，喂足越冬饲料，彻底治螨。

1. 补充育王、更换劣质王 蜂群进入最后一个蜜源场地（如芝麻、荞麦、田菁、棉花和栾树等）初期，即着手培育雄蜂，半个月后，移虫育王，若蜜源不足，对哺育群应每天奖励饲喂，直到全部王台封盖为止。移虫后第 9～10 日，把全场蜂王集中储备在 1 个蜂群中，全面检查蜂群，清除王台。调整蜂群，以强补弱或合并小群，使每一群都达到 10 框蜂或以上，子脾均等。次日，给每个老王群或新分群介绍 1 个王台，或给每个继箱群上、下箱体各分配 1 个王台，新王一般在最后一个主要蜜源花后期交配产卵。

2. 储备蜜脾、喂越冬底糖　芝麻、荞麦等主要秋季蜜源花中后期，逐步停止蜂蜜和王浆的生产，储备饲料。

若储备的蜜脾不够越冬用，应在繁殖越冬蜂前换进优质巢脾，在傍晚将糖浆灌装到框式饲喂器或灌入空脾内，置于隔板或边脾外侧喂蜂，每次喂糖浆 1.5～3 千克、3～4 天越冬饲料达 8 成以上且有 2/3 以上蜜房封盖为止。喂越冬饲料时，若蜂箱内干净、不漏液体，也可以将箱前部垫高，傍晚把糖浆直接从巢门倒入箱内喂蜂。

越冬饲料最好预留，不足的再喂优质白糖。不得用蜜露蜜、被金属污染、发酵酸败或不明蜂场的蜂蜜喂蜂，油菜、棉花和向日葵等花种的蜂蜜也不宜用作饲料储备。

3. 防治蜂螨　结合育王断子，关王时防治蜂螨 1 次，待全部老子脾羽化出房，蜂王刚开始产卵，蜂群内无封盖子时，用杀螨剂治螨 2～3 次。如果蜂群没有采取囚王断子这些措施，则应在秋季繁殖前 2 周、1 周分别给每个蜂群挂螨扑药两次，每次 1 片，分开挂蜂对角。

4. 繁殖越冬蜂　根据当地蜜粉源条件和气候特点来决定繁殖时间，即越冬蜂羽化出房后外界蜜源断绝或稀少、有充足的花粉食用、能够排泄飞翔。河南省一般在 8 月下旬至 9 月上中旬，历时 20 天左右。在高寒山区越冬的蜂群，应早繁殖。

（1）选择场地　选择蜜源丰富的地方作为秋季繁殖场所，蜜和粉不能兼顾时，以粉源丰富为主，如秋玉米、冬瓜、葎草、铜锤草、茵陈和栾树等，繁殖期间，如果花粉剩余，可适当脱粉。场地周围水质好、无污染，蜂箱每天应有充足的阳光照射。

（2）调整蜂势　10 框以上的继箱群，巢箱放 5 张脾供蜂王产卵，继箱放 5～6 张脾供储备越冬饲料，蜂数要足，糖、粉脾放继箱，多余的巢脾抽出。

（3）时间　以最后一批蜜蜂出生 10 天内，外界有足够的花粉和蜜蜂能安全飞行日期，增加 30 天和 50 天往前推算，如河南省平原地区 10 月 20 日后蜜源都已经结束，繁殖越冬蜂多在 9 月上旬和中旬进行。

（4）换王、放王　一般情况下，新王交配产卵，适龄越冬蜂的培育也就开始。新蜂王产卵积极，适合快速繁殖。如果蜂巢用闸板隔为两区，一边放老蜂王，另一边放新王，共同产卵，可培育更多的适龄蜂，但秋后要除掉老蜂王。如果蜂王没有育成，在繁殖适龄越冬蜂前 5 天须把老蜂王放出。

（5）奖励饲喂　每天傍晚用糖浆喂蜂，历时 25 天左右（子脾全部封盖），并给蜜蜂喂水。糖浆中可加入酒食酸或柠檬酸等预防疾病。奖励结束时，越冬饲料也一并喂好。

（6）适时断子　繁殖适龄越冬蜂历时 20 天左右，河南省约在 9 月 20 日前后结束，把蜂王用竹丝王笼关闭（图 155），吊于蜂巢前部（中央巢脾前面框耳处），淘汰老劣王。

5. 补足饲料　越冬饲料包括蜜蜂越冬和早春繁殖时所需要的一部分饲料。越冬饲料应在繁殖越冬蜂前喂 80%，剩余的 20% 在奖励喂蜂时补足。1 张装满糖蜜的巢脾，重约 2.5 千克。实践证明，1 框越冬蜂平均需要糖饲料，在东北和西北地区 2.5～3.5 千克，华北地区 2～3 千克，转地蜂场 1～1.5 千克，同时须贮存一些蜜脾，以备急用。

越冬饲料以留为主，饲喂为辅。

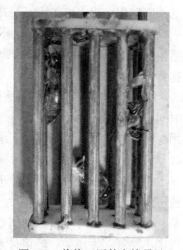

图 155　将蜂王囚禁在笼子里

6. 冬前治螨　适龄越冬蜂全部羽化出房一周后，采用水剂喷雾治螨 2 次。

7. 搬场遮阳　不论是在外转地还是在家定地秋繁的蜂场，在喂足越冬饲料后，如果条件允许，都应及时把蜂群搬到阴凉处，巢门转向北方，折叠覆布，放宽蜂路，减少蜜蜂活动。或者将玉米秆放在箱上，对蜂群进行遮阳避光。养蜂场地要避风防潮，注意防火。

■ 专题五　　生产管理 ■

蜂群经过一段时间的繁殖，由弱群变成生机勃勃的强群（图156），外界温度适宜，蜜源丰富，蜂群的管理任务由繁殖转向生产，同时蜂群也具备了群体繁殖——自然分蜂的基本条件了。在主要蜜源期，如果蜂群中青壮年蜂数达到高峰、巢内只有极少量的蜂子可哺育时，就能增加蜜、浆、蜡等的产量。

图156　饲养强群

一、蜂蜜生产管理

（一）一般管理措施

1. 培育适龄采集蜂　个体器官发育到最适合出巢采集的健康工蜂叫适龄采集蜂。在采集活动季节，工蜂的寿命 28～35 天，14～21日龄的工蜂多从事花粉、花蜜、无机盐的采集，21～28 日龄时采集力达到高峰。工蜂这种按日龄分工协作的规律，随着群势大小和蜂巢内、外环境的变化，可提前也可延后。

因此，为一个特定蜜源花期培育适龄采集蜂的时间，在流蜜开始前45天到流蜜结束前30天较为适宜。培育足够量的适龄采集蜂，蜂群要有一定的群势基础。适龄采集蜂的培育可参照春季繁殖进行，但须保证培养的工蜂健康。

2. 组织强群采蜜 生产蜂蜜要求新王、强群。全面检查蜂群，对有12框蜂以上、8～9张子脾的蜂群，在巢、继箱之间加上隔王板，繁殖兼顾生产的，上面放4～5张大子脾，下面放5～6张优质巢脾供蜂王产卵，巢脾上下相对。如果蜜源植物花期长，且缺花粉，则巢箱留脾4～5张、继箱放脾6张；植物花期较短，大泌蜜前又断子的蜂群，巢、继箱之间可不加隔王板。

对达不到蜂蜜生产群12脾蜂以上标准的蜂群，可采取下述补救措施，使其成为1个较强的采集群。

（1）调整蜂群 距离开花泌蜜20天左右，将副群或大群的封盖子脾调到近满箱的蜂群；距离开花泌蜜10天左右，应给近满箱的蜂群补充新蜂正在羽化的老子脾。被抽出子脾的副群组成双群同箱繁殖，若流蜜期不超过30天，则每个小群留下3框蜂和1个小子脾即可；若流蜜期超过30天或有连续蜜源，则小群应保留5框蜂为宜，为以后的生产储备力量。

（2）集中飞翔蜂（主、副群饲养） 蜂群运到场时，将其分组摆放，主、副群搭配（定地蜂场在繁殖时就做这项工作），以具备新蜂王的较大群作主群，较小群作副群，主要蜜源开花泌蜜后，搬走副群，使外勤蜂投奔到主群，根据群势扩巢。

3. 酌情控制虫口 在流蜜期短的花期（如刺槐），以生产蜂蜜为主的蜂场，在开始流蜜前10天左右，用王笼把蜂王关起来；或结合养王，在流蜜开始前12天给每个蜂群介绍1个成熟王台，在大流蜜期开始时新蜂王产卵。在华北地区的刺槐蜜源，定地蜂场采取花前12天育王断子至流蜜开始时蜂王产卵的措施，使蜜蜂全力采集刺槐蜜，刺槐花结束后，加强繁殖，到荆条花期又能繁殖成生产蜂群，可以收到较好的效益。东北椴树花期采用这个方法，也得到好收成。

若蜜源花期较长（25天以上）或两个蜜源花期衔接，则应前期生产、繁殖并重，在开花后期或后一个蜜源采取限王产卵，也可以结合养王换王的措施控制虫、卵数量，以提高产量。

以生产王浆为主的蜂场，应生产、繁殖两不误。生产蜂花粉的蜂场，应促进蜂群繁殖。对转地蜂场而言，则需要边生产边繁殖。

4. 选择场地　根据蜜源、天气、蜂群密度等选择放蜂场地，要求蜜源够用。采蜜群宜放在树荫下，遮阳不宜太过，蜂路开阔。中午避免巢门被阳光直射，夏天巢门方向可朝北。水源水质要好，防水淹和山洪冲击。

对不施农药、没有蜜露蜜的蜜源，可选在蜜源的中心地带，季风的下风向，如刺槐、荆条、椴树、芝麻等。对施农药或有蜜露蜜的蜜源场地，蜂群摆放在距离蜜源300米以外的地方。

对缺粉的主要蜜源花期，场地周围应有辅助粉源植物开花，如枣花场地附近有瓜花。

5. 处理好生产与繁殖问题　流蜜开始即组织强群投入生产，流蜜期中补充蛹脾维持群势，流蜜期后调整群势，抓紧恢复和增殖工作。在流蜜期间，充分利用强群取蜜、弱群繁殖，新王群取蜜、老王群繁殖，单王群生产、双王群繁殖，繁殖群正出房子脾调给生产蜂群维持群势，适当控制生产蜂群卵虫数量，以此解决生产与繁殖的矛盾。同时，采取措施预防分蜂热，保证蜜蜂处于积极的工作状态。

蜜源流蜜好，以生产为主，兼顾繁殖。如遇花期干旱等造成蜜源流蜜差，蜂群繁殖区脾要少放，蜂数、饲料要足，新脾撤出或靠边搁置。适当安排分蜂，此时脱粉，须进行奖励饲喂。

6. 饲料充足　在流蜜开始以后，把贮满蜜的蜜脾抽出或摇出，作为蜜蜂饲料保存起来，然后，另加巢脾或巢础框让蜜蜂贮蜜，蜜源结束，把储备的蜜饲料还给蜂群。对缺粉的枣花场地，需要及时给蜂群补充花粉。没有优质、洁净水源的场地，还须喂水（图157），提倡箱内喂水。

图 157　蜂箱外喂水，须天天更新

维持群势：开花前期，从繁殖群中调出将要羽化的老子脾给生产群，维持生产群有足够的采集蜂。

7. 叠加继箱　当第一个继箱框梁上有巢白时，即可加第二继箱，第二继箱加在第一继箱和巢箱之间，待第二继箱的蜂蜜装至六成、第一继箱有一半以上蜜房封盖，可继续加第三继箱于第二继箱与巢箱之间，第一继箱即可取下摇蜜（图 158）。不向继箱调子脾，开大巢门，加宽蜂路，掀开覆布，加快蜂蜜成熟。

图 158　多箱体养殖叠加继箱

8. 根据计划取蜜　流蜜初期抽取，流蜜盛期若没有足够巢脾贮蜜，待蜜房有 1/3 以上封盖时即可进行蜂蜜生产，流蜜后期要少取多留。在采蜜的同时，重视蜂王浆、蜂蛹虫的生产。多箱体养蜂，花期结束一次取蜜。

9. 后期管理措施 植物流蜜结束，或因气候等原因流蜜突然中止，应及时调整群势，抽出空脾（新脾老子靠边，蜂出房后抽出，若有小虫新脾应放在老子脾中间，防止脱虫），使蜂略多于脾，防治蜂螨。补喂缺蜜蜂群，在粉足取浆时要进行奖励饲喂，根据下一个场地的具体情况繁殖蜂群。在干旱地区繁殖蜂群时要缩小繁殖区。

（二）南方秋、冬生产管理

在我国长江以南地区，冬季温暖并有蜜源植物开花，是生产冬蜜的时期，仅在1月蜂群才有短暂的越冬时间。

1. 南方冬季蜜源 在我国南方冬季开花的植物有茶树、枰、野坝子、枇杷、鹅掌柴等，这些蜜源有些可生产到较多的商品蜜和花粉，有些可促进蜂群的繁殖。在河南豫西南地区，许多年份在10—11月还能生产到菊花蜂蜜。

2. 蜂群管理措施 南方冬季蜜源花期，气温较低，尤其在流蜜后期，昼夜温差大，时有寒流，有时还阴雨连绵，因此，冬蜜期管理应做好以下工作。

（1）选择好场地 在向阳干燥的地方摆放蜂群，避开风口。

（2）生产兼繁殖 冬蜜期要淘汰老劣蜂王，合并弱群，适当密集群势，采取强群生产、强群繁殖，生产与繁殖并重。流蜜前期，选晴天中午取成熟蜜，流蜜中后期，抽取蜜脾，保证蜂群饲料充足和备足越冬、春季繁殖所需饲料。在茶叶花期，喂糖水脱花粉、取王浆。

（3）做越冬准备 对弱群进行保温处置，在恶劣天气里要适当喂糖喂粉，促进繁殖，壮大群势，积极防治病、虫和毒害，为越冬做准备。

二、自然分蜂及处置措施

4—5月，当中蜂群势发展到4～5框子脾、意蜂超过7～8框子脾后，常会发生分蜂。蜂群一旦产生分蜂趋势（热）后，蜂王产卵量显著下降，甚至停产，工蜂怠工，分蜂分散群势，影响产量，还会丢失蜂群。

（一）分蜂热的处置办法

1. 预防分蜂热

（1）早春养王　春季在蜂群发展到后期（幼蜂积累阶段），适时进行人工育王，在主要流蜜期到来前换上新王产卵，再结合相应的管理措施，不但能提高产量，而且换王后的蜂群，当年内不易发生分蜂。平常保持蜂场有 3～5 个养王群，及时更换劣质蜂王。在炎热地区，采取 1 年每群蜂换 2 次蜂王的措施，有助于维持强群，提高产量（图 159）。

图 159　新蜂王产卵多，分泌的蜂王物质多

（2）适当控制群势　在蜂群发展阶段，群势大不利于发挥工蜂的哺育力，而且容易分蜂，因此，应抽调大群的封盖子脾补助弱群，弱群的小子脾调给强群，这样可使全场蜂群同步发展壮大。强、弱群调换大、小子脾，应以不影响蜂群在主要蜜源期生产为原则。

（3）扩巢遮阳　随着蜂群长大，适时加脾、添加继箱和扩大巢门，有些地区或季节蜂箱巢门可朝北开，将蜂群置于通风的树荫下（图 160），给水降温。

（4）积极生产　及时取出成熟蜂蜜，进行王浆、花粉生产和造脾，增重工蜂的工作，可有效地抑制分蜂。

多箱体养蜂，采取双箱体繁殖、浅继箱贮存蜂蜜，亦能预防分

图 160　蜂群置于刺槐林中

蜂热的产生。

2. 解除分蜂热　蜂群已发生分蜂趋势，应根据蜂群、蜜源等具体情况进行处理，使其恢复正常工作秩序。

（1）更换蜂王一　在蜜源流蜜期，对发生分蜂热的蜂群当即去王和清除所有封盖王台，保留未封盖王台，在第 7～9 天检查蜂群，选留 1 个成熟王台或诱入产卵新王，尽毁其余王台。

（2）更换蜂王二　仔细检查已产生分蜂热的蜂群，清除所有王台后把该群搬离原址，在原位置放 1 个装满空脾的巢箱，从原群中提出带蜂不带王的所有封盖子脾放在继箱中，加到放满空脾的巢箱上，诱入 1 只新蜂王或成熟王台。再在这个继箱上盖铁纱副盖，上加 1 个继箱，另开巢门，把原群蜂王和余下的蜜蜂、巢脾放入，在老蜂王产卵一段时间后，移出老蜂王，撤回副盖合并。

（3）互换箱位　在外勤蜂大量出巢之后，把有新蜂王的小群用王笼诱入法先将蜂王保护起来，再把该群与有分蜂热的蜂群互换箱位；第二天，检查蜂群，清除有分蜂热蜂群的王台，给小群调入适量空脾或分蜂热群内的封盖子脾，使之成为一个生产蜂群。

3. 防蜂群丢失　在自然分蜂季节里，定期对蜂群进行检查，清除分蜂王台，或对已发生分蜂热蜂群的蜂王剪去其右前翅的 2/3（图 161）。剪翅和清除王台只能暂时使蜂群不分蜂和不丢失，要预防和控制分蜂热，应采取积极的措施。

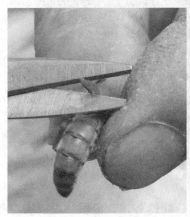

图 161　蜂王剪翅

（二）收捕分蜂团的方法

在蜂群周年生活中，分蜂繁殖是其自然规律。蜂群飞出蜂巢不久便在蜂场附近的树权或屋檐下结团，2～3 小时后便举群飞走。在蜂群团结后和离开前，最有利于搜捕。在抓捕之前，先准备好蜂箱，摆放在合适的地方，内置 1 张有蜜有粉的子脾，两侧放 2 张巢础框。

捕捉分蜂团的方法有多种，图 162 的分蜂团，可用捕蜂网套装分蜂团，然后拉紧绳索，堵住网口，撤回后抖入事前准备好的蜂箱中。图 163 所示的结在低处小树枝上的分蜂团，可先把蜂箱置于蜂团下，然后压低树枝使蜂团接近蜂箱，最后抖蜂入箱。对于附着在小树枝上的分蜂团，可一手握住蜂团上部的树枝，另一手持枝剪在握树枝手的上方将树枝剪断，提回蜜蜂，抖入蜂箱。此外，对于聚集在树干上的分蜂团，可用铜版纸卷成 V 形纸筒，将蜂舀入事先准备好的蜂箱中（图 164）。捕捉分蜂团，务必将蜂王收回，并保证其安全。

图 162 跑到树枝上的一群蜜

图 163 收捕低处的分蜂团（1）

（引自 黄智勇）

图 164 收捕低处的分蜂团（2）

三、生产蜂群技术

人工分群也称生产蜂群，是根据蜜蜂的生物学特性，有计划有目的地在适宜的时候增加蜂群数量，扩大生产和避免自然分蜂造成损失的一项有效措施。以分蜂扩大规模的蜂场，应早养王、早分蜂。人工分蜂的时间，河南省在采过刺槐蜜后即可及时进行，或在油菜蜜源花期，结合换王分群。

（一）分群方法

1. 强群平分法 先将原群蜜蜂向后移出 1 米，取两个形状和颜色一样的蜂箱，放置在原群巢门的左右，两箱之间留 0.3 米的空隙，两箱的高低和巢门方向与原群相同，然后把原群内的蜂、卵、虫、蛹和蜜粉脾分为相同的 2 份，分别放入两箱内，一群用原来的蜂王，另一群在 24 小时后诱入产卵蜂王。分蜂后，外勤蜂飞回找不到原箱时，会分别投入两箱内；如果蜜蜂有偏集现象，可将蜂多的一群移远点，或将蜂少的一群向中间移近一点。

这种方法，能使两群都有各龄蜜蜂，各项工作能够正常进行，蜂群繁殖也较快，宜离主要采蜜期 50 天左右进行。

2. 强群偏分法 从强群中抽出带蜂和子的巢脾 3、4 张组成小群，如果不带王，则介绍 1 个成熟王台，成为一个交尾群。如果小群带老王，则给原群介绍 1 只产卵新王或成熟王台。分出群与原群组成主、副群饲养，通过子、蜂的调整，进行群势的转换，以达到预防自然分蜂和提高产值的目的。

3. 双王群分蜂 在距主要蜜源开花较近时，按偏分法进行，仅提出两脾带蜂带王、有一定饲料的子脾作为新分群，原箱不动变成一个强群。

（二）管理措施

新分群的蜜蜂应以幼蜂为主，保证饲料充足，第二天给介绍产卵蜂王或成熟王台，王台安装在中间脾的下角处或脾下缘。

新分群的位置要明显，新王产卵后须有 3 框足蜂的群势，不足的要补蜂补子，保持蜂脾相称或蜂略多于脾，各阶段的蜂龄尽可能合理。哺育蜂少的新分群，其卵脾可提到大群哺育，随着群势的发展，要适时加空脾和加巢础框造脾。

专题六 断子管理

一、冬季断子管理

蜂群安全越冬的条件是充足优质的饲料、品质良好的蜂王、一定的群势、健康的工蜂和安静的环境。蜜蜂属于半冬眠昆虫，在冬季，蜜蜂停止巢外活动和巢内产卵育虫工作，结成蜂团，处于半蛰居状态，以适应寒冷漫长的环境（图 165）。我国北方蜂群的越冬时间长达 5～6 个月，而南方仅在 1 月有短暂的越冬期。

图 165　蜂群越冬结团

（一）北方蜂群越冬管理

1. 越冬准备

（1）选择越冬场地　蜂群的越冬场所有两种：一是室外，二是室内。室外场地要求背风、向阳、干燥和卫生，在一日之内要有足够的阳光照射蜂箱，场所要僻静，周围无震动、声响（如不停的机器轰鸣、喇叭噪声）。室内越冬场所要求房屋隔热性能好，空气畅通，温、湿度稳定，黑暗、安静。

（2）布置越冬蜂巢　越冬用的巢脾要求是黄褐色、贮存 100克以上蜂粮的巢脾，在储备越冬饲料时进行遴选。越冬蜂群势，北方应达到 7~8 框，长江中下游地区须 2 框以上，越冬蜂巢的脾间蜂路设置为 15 毫米左右，群势的调整在繁殖越冬蜂时就要完成。越冬蜂巢的布置应在蜜蜂白天尚能活动而早晚处于结团状态时进行，较弱的蜂群，要蜂脾相称或蜂略多于脾，强群蜂少于脾。

单箱体越冬，蜂数不足 5 框的蜂群，应双群同箱饲养，布置蜂巢时，把半蜜脾放在闸板的两侧，大蜜脾放在半蜜脾的外侧，这样能使两个蜂群聚集在闸板两侧，结成 1 个越冬团，有助于相互温暖；若均为整蜜脾，则应放大蜂路，靠边的糖脾要大。

双箱体越冬，上、下箱体放置相等的脾数，如 8 框蜂的上、下箱体各放 5 张脾，蜂脾相对，放在中间，两侧须加隔板，亦可靠一侧放置。上箱体放整蜜脾，下箱体放半蜜脾。抽出隔王板，如果蜂王被王笼关闭，就将蜂王置于巢箱中央巢脾框梁中间。

双王群越冬，巢脾向中间靠。

2. 蜂群室外越冬管理　室外越冬简便易行，投资较少，适合我国广大地区，越冬蜂群受外界天气的变化影响较大。

（1）长江以北及黄河流域室外越冬方法和保温处置　冬季气温高于 -20℃的地方，可用干草、秸秆把蜂箱的两侧、后面和箱底包围、垫实（图 166），副盖上盖草帘，箱内空间大应缩小巢门，箱内空间小则放大巢门。湖北省蜂群越冬保温处置如图 167 所示，如果冬季气温在 -10℃以上的地区，蜂群强壮，可不进行保温处置。

（2）高寒地区室外越冬方法和保温处置　多在我国的东北和西北应用。

①秸秆包装。冬季气温低于 -20℃，蜂箱上下、前后和左右都要用草包围覆盖，巢门用∩形桥孔与外界相连，并在御寒物左右和后面砌成∩形围墙。

②堆垛保蜂。蜂箱集中一起成行堆垛，垛之间留通道，背对背，巢门对通道，以利管理与通气，然后在箱垛上覆盖帐篷或保蜂罩：夜间温度 -15~-5℃时，帐篷盖住箱顶，掀起周围帆布；夜

图 166 华北地区蜂群室外越
冬保温处置

图 167 湖北省蜂群越冬保温处置

间温度−20～−15℃时，放下周围帆布；−20℃以下，四周帆布应盖严，并用重物压牢。在背风处保持篷布能掀起和放下，以便管理，篷布内气温高于−5℃时要进行通风，立春后撤垛。

③开沟放蜂。在土质干燥地区，按 20 群一组挖东西方向的地沟，沟宽约 80 厘米、深约 50 厘米、长约 10 米，沟底铺一层塑料布，其上放草 10 厘米厚，把蜂箱紧靠挨近北墙置草上，用支撑杆横在地沟上，上覆草帘遮蔽。通过掀、放草帘，调节地沟的温度和湿度，使其保持在 0℃左右，并维持沟内的黑暗环境。

（3）管理措施。

①防鼠。把巢门高度缩小至 7 毫米，使鼠不能进入。如发现巢前有腹无头的死蜂，应开箱捕捉，并结合药饵毒杀。

②防火。包围的保暖物和蜂箱、巢脾等都是易燃品，要预防小孩引火烧蜂，要求越冬场所远离人多的地方，人不离蜂。

③防热。严格控制越冬室内的温度，室外越冬蜂群的御寒物包外不包内，巢门和上通气孔畅通。定期用√形钩从巢门掏出蜂尸和箱内其他杂物。大雪天气，及时清理积雪，防止雪堵巢门或通气孔。室外越冬蜂群，要求蜂团紧而不散，不往外飞蜂，寒冷天气箱内有轻霜而不结冰。在保温处置后，要开大巢门，随着外界气温的连续下降，逐渐缩小巢门，1 月最冷时期可用干草轻塞巢门，随着天气回暖，慢慢扩大巢门。对有"热象"的蜂群，开大巢门，必要

时撤去上部保暖物，待降温后再逐渐恢复。

④防饿。蜂群缺少食物或蜂蜜结晶无法取食，使蜜蜂饥饿或死亡，多发生在越冬后期。对缺食蜂群及时补充蜜脾，方法是把储备的蜜脾先在35℃下温热12小时，下方的蜜盖割开一小部分，喷少量温水，靠蜂团放置，将空脾和结晶蜜脾撤出。受饥饿的蜂群，尤其是饿昏被救活的蜂群，其蜜蜂寿命会大大缩短。

⑤排泄。个别蜂群严重腹泻，可于8℃以上无风晴天的中午在室外打开大盖、副盖，让蜜蜂排泄，或搬到20℃以上的塑料大棚内放蜂飞翔。如在越冬前期，大批蜂群普遍腹泻，并且日趋严重，最好的办法是及时运到南方繁殖。

解救有问题的蜂群只能挽救部分损失，应做好前述的工作，预防事故的发生。

3. 蜂群室内越冬管理　在东北、西北等严寒地区，把蜂群放在室内越冬比较安全，可人工调节环境，管理方便，节省饲料。

（1）越冬室要求　越冬室有地下和半地下等形式。越冬室高度约240厘米，宽度有270厘米和500厘米两种，可放两排和四排蜂箱；墙厚30～50厘米，保暖好，温差小，防雨雪，湿度、通风和光线能调，还可加装空调或排风扇（图168）。

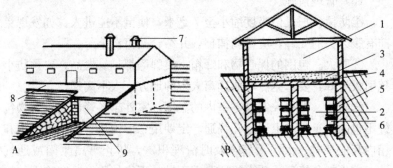

图168　地下双洞越冬室结构
A. 越冬室外形　B. 侧面结构图
1. 仓库　2. 越冬室　3. 顶板 4. 黏土　5. 石墙　6. 蜂箱
7. 室外通气口　8. 水泥台　9. 越冬室门
（仿葛凤晨等，1981）

（2）搬箱入室　蜂群在水面结冰、阴处冰不融化时进入室内，如东北地区 11 月上中旬、西北和华北地区在 11 月底进入，在早春外界中午气温达到 8℃ 以上时即可出室。

蜂箱在越冬室距墙 20 厘米摆放，搁在 40～50 厘米高的支架上，叠放继箱群 2 层，平箱 3 层，强群在下，弱群在上，成行排列，排与排之间留 80 厘米通道，巢口朝通道便于管理。

（3）管理措施　越冬室内控制温度在 -2～4℃，相对湿度 75%～85%。入室初期，白天关闭门窗，夜晚敞开室门和通风窗，以便室温趋于稳定。蜂箱开大巢门、折叠覆布，立冬前后，中午温度高时搬出室外进行排泄，检查蜂群，抽出多余巢脾，留足糖脾。室内过干可洒水增湿，过湿则增加通风排除湿气，或在地面上撒草木灰吸湿，使室内湿度达到要求。蜂群进入越冬室后还要保持室内黑暗和安静。

（二）南方蜂群越冬管理

1. 关王、断子　蜂群在室外越冬或入室越冬之前，把蜂王用竹王笼关起来，强迫蜂群断子 45 天以上。

2. 防治蜂螨　待蜂巢内无封盖子时治蜂螨，治螨前的一天对蜂群饲喂，效果更显著。

3. 布置蜂巢　南方蜂群越冬蜂巢的布置除要求扩大蜂路外，其他同北方蜂群室外越冬。

4. 饲料　喂足糖饲料，抽出花粉脾。

5. 促蜂排泄　在晴天中午让太阳晒暖蜂巢促使蜜蜂飞行排泄。

6. 越冬场所　在室外越冬的蜂群，选择阴凉通风、干燥卫生、周围 2 千米内无蜜粉源的场地摆放蜂群，并给蜂群喂水。

在室内越冬的蜂群，要求白天室内黑暗，晚上通风降低室温，蜂群摆放与北方室内越冬蜂群相同（图 169）。

图169　湖南蜂群室内越冬

（三）转地蜂群越冬管理

我国北方的一些蜂场，于12月至次年1月陆续把蜂群运往南方繁殖。这些蜂场在越冬时，首先把饲料脾准备好，镶上框卡，钉上纱盖，在副盖上加盖覆布和草帘，蜂箱用秸秆覆盖，尽可能保持黑暗、空气流通、温度稳定，等待时日，随时启运。

二、夏季断子管理

7—9月，在我国广东、浙江、江西、福建等省，天气长期高温，蜜粉源枯竭，敌害猖獗，蜜蜂活动减少，群势逐日下降。

（一）越夏前准备

1. 更换老劣王，培育越夏蜂　在越夏前1个月，养好1批蜂王，产卵10天后诱入蜂群，培育1批健康的越夏适龄蜂。

2. 充足的饲料　进入越夏前，留足饲料脾，每框蜂需要2.5千克，不足的补喂糖浆，并有计划地储备一部分蜜脾。

3. 调整蜂群势　越夏蜂群，中蜂应有3框以上的蜜蜂，意蜂要有5框以上的蜜蜂，不足的用强群子脾补够，弱群予以合并。提出多余巢脾，使蜂脾相称。

4. 防病、治螨　在早春繁殖初期，将蜂螨寄生率控制在最低限度；在越夏前，还可利用换王断子的机会防治蜂螨。

（二）越夏期管理

1. 选择场地　选择有芝麻、乌桕、玉米等蜜粉源较充足的地方放蜂，或选择海滨、山林和深山区作为越夏场地，场地须空气流通，水源充足。

2. 放好蜂群 把蜂群摆放在排水良好和阴凉处，蜂箱不得放在阳光直射下的水泥、沙石和砖面上。

3. 通风遮阳 适当扩大巢门和蜂路，掀起覆布一角，但勿打开蜂箱的通气纱窗。

4. 增湿降温 在蜂箱四周洒水降温，在空气干燥时副盖上可放湿草帘，坚持喂水。

5. 八防措施 越夏期间，减少开箱次数，全面检查在每天的早晚进行，巢门高度以 7 毫米为宜，宽度按每框蜂 15 毫米累计，避免烟熏和震动，谨防盗蜂发生。用药饵和捕打等办法遏制胡蜂的危害。早晚捕捉青蛙和蟾蜍，放回远处田间，防范其捕食蜜蜂。消灭蜂场中的蚁穴，防止蚂蚁攻入蜂箱；经常清除箱底杂物，预防滋生巢虫。利用群内断子或封盖子少的机会，用杀螨剂治螨 2 次。预防农药中毒，预防水淹蜂箱。

6. 临时搬迁蜂群（如果需要） 如遇洪水、大雨造成较深积水等必须将蜂群暂时搬迁时，先将各群的位置绘图做好标记，再把蜂群搬离原地，集中一处，待洪水退后，及时有序地把蜂箱放好。在搬离期间，打开通风窗，并在白天不断地向巢门洒水，减少蜜蜂骚动和飞出。

7. 断子/繁殖 在越夏期较短的地区，可关王断子，有蜜源出现后奖励饲喂进行繁殖；在越夏期较长的地区，适当限制蜂王产卵量，但要保持巢内有 1～2 张子脾、2 张蜜脾和 1 张花粉脾，饲料不足须补充。在有辅助蜜源的放蜂场地，应奖励饲喂，以繁殖为主，兼顾王浆生产。繁殖区不宜放过多的巢脾，蜂数要充足。在有主要蜜源的放蜂场地，无明显的越夏期，按生产期管理。

（三）越夏后管理

蜂群越夏后，蜂王开始产卵，蜂群开始秋繁，这一时间的管理可参照繁殖期管理办法，做好抽脾缩巢、恢复蜂路、喂糖补粉、防止飞逃等工作，为冬蜜生产做准备。

模块五　中蜂养殖与转地放蜂

■ 专题一　中蜂养殖 ■

一、格子箱养中蜂

（一）基本理论

格子箱养中蜂

1. 概念　格子箱养中蜂，就是将大小合适、方的或圆的箱圈，根据蜜蜂群势大小、季节、蜜源等上下叠加，调整蜂巢空间，是无框养蜂较为先进的方法之一。格子箱养中蜂，管理较为粗放，即可城市业余，也能山区专业，只要场地合适，蜜源丰富，一人能管数百蜂群。同一个地方，格子蜂箱养中蜂的产量比活框的少，比蜂桶的多，但其所产蜂蜜因其原始性和有形性价格较高。

2. 原理　自然蜂群，巢脾上部用于贮存蜂蜜，之下备用蜂粮，中部培养工蜂，下部雄蜂巢房，底部边缘建造皇宫（育王巢房）。另外，中蜂蜂王多在新房产卵，蜜蜂造脾，蜂群生长，随着蜜蜂个体数量增加（蜂）巢脾长大，新脾新房是蜂群生长的表现。根据这些中蜂生活习性，设计制作横截面小、高度较低、箱圈多的蜂箱，上部生产封盖蜂蜜，下部加箱圈增空间，上、下格子箱圈巢脾相连，达到老脾贮藏蜂蜜、新脾繁殖、少生疾病的目的。另外，在下层箱圈下加一底座，增加蜂巢空间，方便蜜蜂聚集成团，调节孵卵育虫的温度和湿度，同时兼有开箱观察功能。

（二）制作蜂箱

1. 格子蜂箱的结构　格子蜂箱，是箱圈、箱盖、底座的组合，主要有圆形和方形两种（图170、图171），也有根据市场需要制成其他形状的。方形的由四块木板合围而成，有带耳的，有无耳的；圆形由多块木板拼成，或由中空树段等距离分割形成。底座大小与箱圈一致，一侧箱板开巢门供蜜蜂出入，相对的箱板（即后方）制作成可开闭或可拆卸的大观察门（图172）。箱盖或平或凸，达到遮风、避雨、保护蜂巢的目的，兼顾美观、展示；箱盖下蜂巢上还有一个平板副盖，起悬挂巢脾、保温、保湿、阻蜂出入和遮光作用。

图170　方形格子蜂箱　　　　　图171　方形格子箱圈

制作格子蜂箱的板材来自多个树种，厚度1.5～3.5厘米。薄板箱圈因其保温不好，故不能作为越冬箱体使用，一般用于生产，所装蜂蜜经过包装可直接销售；厚板箱圈越冬用保温好，夏季用隔热好。

2. 格子箱圈的大小　格子蜂箱养中蜂，所依是中蜂生活习性，由于全国中蜂有9个地理类型，分布各地，各地环境气候、种群大小、蜜源类型和多寡皆不一样，而且各人习惯和市场需要不同，因此，全国格子箱圈的大小没有标准（固定尺寸）。一般来讲，箱圈大小除了适合蜜蜂习性，还要根据当地中蜂群势、蜜源丰歉、产品

图 172　方形格子箱座

属性、饲养目的（如爱好、生产销售）而定。一般直径或边长不超过 25 厘米、不小于 18 厘米，高度不超过 12 厘米、不小于 6 厘米；箱圈小可高些，箱圈大可低些。综合各地经验，以意蜂郎氏标准巢脾为标准（一脾中蜂约有 3 500 只工蜂），箱圈大小与蜂群、蜜源的关系见表 13。

表 13　箱圈大小与蜂群、蜜源的关系

群势（脾）	箱圈直径或边长（厘米）	蜂蜜产量（千克）	箱圈高度（厘米）	备注
4～6	22	<10	8～10	
		>10	10～12	
6～8	24	<10	8～10	
		>10	10～12	
8～10	25	<10	8	
		>10	8～10	
说明				

3. 格子箱圈的制作　方形格子箱圈由 4 块木板钉制而成，木板拼接有榫无钉，箱板薄（1.5 厘米以内），其箱圈本身作为销售

包装的一部分；有榫铆钉，箱板厚（2～3.5厘米），坚固，仅作生产使用。

圆形格子箱圈侧边有凹凸槽的小木板拼接而成，外箍铁箍，或由竹条或钢丝将短而细的圆木串接起来，或由中空的树段等距离分割而成。

每套蜂箱配底座1个，平板副盖1个，箱盖1个，4～5格箱圈。

底座前开小门供蜂出入，后开大门，即后箱板可开闭，亦可撤装，供观察和管理之用。

箱板以3.5厘米最好，夏季隔热、冬季保温好。

4. 新箱处理　新箱圈有异味，蜂不愿进。清除异味方法如下。

（1）水处理　箱圈风干后泡塘水，取出风干，清水冲洗后再风干备用；或者在箱圈内涂蜜蜡，蜜渣煮水泡箱。

（2）火处理　利用酒精灯火焰喷烧使箱圈表面炭化。

（3）烟处理　将格子箱圈、内盖，左右交叉叠放，距离地面约50厘米，点燃木材、艾草熏蒸。

新箱在收蜂或过箱使用时，还需要使用稀蜜水加少量食盐水喷湿内壁。

（三）日常工作

1. 春季繁殖　立春以后，蜜蜂采粉，即可进行春季繁殖管理。

（1）清扫　打开侧板，清除箱底蜡渣。

（2）缩巢　从底座上撤下蜂巢，置于"井"字形木架上，稍用烟熏，露出无糖边脾，用刀割除。然后根据蜜蜂数量，决定下面箱圈去留，最后将蜂巢回移到底座上。

（3）奖饲　通过侧门，每天或隔天傍晚喂蜂少量蜜水。

（4）扩巢　经过1个月左右的繁殖，巢脾满箱，从下加第一个箱圈。以后，根据蜂群大小，逐渐从下加箱，扩大蜂巢。

2. 添加格子　繁殖期，打开底座活动侧板，查看蜂巢。如果巢脾即将达到底座圈上，就把原有蜂箱搬离底座，先在底座上部添加一个格子箱圈，再将格子蜂群放回新加格子箱圈之上。

生产期，大流蜜期在上添加格子箱圈，小流蜜期在下添加格子箱圈，适时取蜜。

3. 检查蜂群 打开底座活动侧板，点燃艾草绳，稍微喷出烟，蜂向上聚集，脾下缘暴露，从下向上观察巢脾，即能发现有无王台、造脾快慢、卵虫发育等问题，以便采取处置措施。每次看蜂，喂点糖水，蜜蜂温顺。

4. 捕捉蜂王 有向上撵和向下赶两种方法。

（1）向上撵 第一，准备一个与蜂巢相同的格子箱圈、一片同大的隔王板，先将带王蜂巢搬离原址，另置底座于原箱位，再取蜂巢上盖盖底座上，收拢回巢蜜蜂；第二，撤下副盖，并在蜂巢上方添加一层箱圈，其上加隔王板，隔王板上再加两层箱圈，盖上箱盖；第三，轻敲下部箱体，驱蜂往上爬入空格结团，或用烟熏，或用风吹；第四，在隔王栅下面箱圈中寻找蜂王，并用王笼关闭。

（2）向下赶 箱圈下底座上添加箱圈，关闭巢门，再将底座活动箱板（观察侧门）改换纱窗封闭；然后使用风机向下吹蜂离脾，即时在空格和蜂巢之间加上隔王板，最后，工蜂上行护脾，在空格箱圈中寻找蜂王。

以上两种方法，找到蜂王后关进王笼中，将蜂巢移到原来位置，再进行下一步的管理措施。

注意，赶蜂时向蜜蜂喷洒雾水，更易驯服蜂。

分蜂季节，箱前突然冷冷清清，少有蜜蜂进出。下午倾斜蜂箱（桶），如果巢脾底部王台清晰可见，就在几个王台间寻找，发现老王，抓住关笼。

5. 更换蜂王 分蜂季节，清除王台，在蜂巢下方添加隔王板，将上层贮蜜箱取下置于隔王板下、底座上，诱入王台，新王交配产卵后，如果不分蜂，按正常加箱格管理，抽出隔王板，老蜂王自然淘汰；如果是分蜂，待新王交尾产卵后，就把下面箱体搬到预设位置的底座上，新王、老王各自生活。

6. 喂蜂 外界蜜源丰富，无框蜂群繁殖较快，外界粉、蜜稀少，隔天奖励饲喂。越冬前储备足够的封盖蜜，饲喂糖浆须早喂。

蜂蜜或白糖，前者 500 克蜜加 100 克水，后者 500 克白糖加 350 克水，混合均匀，置于容器，上放秸秆让蜂攀附，最后搁在底座中，边缘与蜂团相接喂蜂。如果容器边缘光滑，就用废脾片裱贴。

喂蜂的量，以当晚午夜时分搬运完毕为准。如果大量饲喂，须全场蜂群同时进行。

7. 收蜂　准备好蜂箱，树杈下或屋檐下的分蜂团，找一个袋子，反卷一点口，直接套上去，向中间封口，抖蜂进箱内；或置底座中，反卷一点口，蜜蜂自上脾；或先抓王，关进笼子里，置于蜂箱内，再用纸筒舀蜂进箱，或用枝叶扫蜂进箱，或者向蜂团喷水，格子箱圈套上去，蜜蜂自动爬进去。

收蜂

另外，将木制梯形或竹制篓形收蜂笼挂在蜂场附近朝阳树枝上（图 173），或者置于向阳、显著的巨石旁，诱引分蜂群投靠。

8. 补蜂　当小群或交尾群子脾封盖后，将强弱两群互换箱位，利用外勤蜂补弱。先准备香水混合液（1 升水＋香精少许），第一天傍晚喷雾两群，第二天早上蜂未出勤前重复 1 次，强群多喷，弱群少喷，蜜蜂大量出工后互换蜂巢位置。如果发现有蜂打架，则再喷雾香水。

9. 合并蜂群　打开箱盖，揭去副盖，盖上报纸，多打小孔，再添箱圈，将无王蜂抖入，盖上箱盖，3 天后撤报纸、去箱圈，如果蜂多，从下加箱。

图 173　收　蜂

10. 诱蜂造脾　如果蜂巢不满箱，剩下空间不造脾，在蜂群发展到 3 个箱体时，即巢脾高约 30 厘米，蜜、粉、子圈分明时，就在第三箱圈与底座之间添加覆布一块，只挡有脾一侧，无脾一侧空出，蜜蜂就会将剩余空间做满蜂巢。

11. 防止盗蜂

（1）加阻蜂器　意蜂盗中蜂，加格栅阻隔器，格栅间隙 4.0 毫米。

（2）强弱互换箱位　把强群搬到弱群处，弱群搬到强群处，各群添加食用香精（忌用花露水）。

（3）常年保持食物充足　留足蜂蜜饲料是最好的方法；如果蜂蜜饲料不足，饲喂蜜蜂须傍晚进行，午夜搬完；在没有其他蜂场蜜蜂干扰的情况下，也可以全场同时大量饲喂。

在初起盗蜂时，亦可采取覆盖白色透明塑料布等制止盗蜂。

12. 转场　割除最下一格巢脾，上下箱体连接固定，取下侧门，换上纱窗，关闭巢门，即可装车运蜂。

运蜂装车

（四）割取蜂蜜

当蜂群长大、箱到五个，向上整体搬动蜂箱（图 174），如果重量达到 10 千克以上，就可撤格割蜜。一般割取最上面的一格。

1. 操作技术　先准备好起刮刀、不锈钢丝或钼丝、艾草或香、容器、螺丝刀、割蜜刀（L 形割蜜刀）、"井"字形垫木等。第一步，先取下箱盖斜靠箱后，再用螺丝刀将上下连接箱体螺钉松开（未有连接没有这一步骤）；第二步，用起刮刀的直刃插入副盖与箱沿之间，撬动副盖，使其与格子一边稍有分离；第三步，将不锈钢丝横勒进去，边掀动起刮刀边向内拉动钢丝两头，并水平拉锯式左右和向内用力，割断副盖

图 174　格子箱养中蜂
（李长根 摄）

与蜜脾、箱沿的连接，取下副盖，反放在巢门前；第四步，点燃艾草或香，从格子箱上部向下部喷烟，赶蜂下移（利用吹风机吹蜂下移，快捷、卫生）；第五步，将起刮刀插入上层与第二层格子箱圈之间，套上不锈钢丝，用同样的方法，使上层格子与下层格子及其相连的巢脾分离；第六步，上下层格子之间用 0.5 厘米小木棒支离，稍停 20 分钟左右，蜜蜂清理断裂处蜂蜜；第七步，搬走上层格子蜜箱（图 175），蜂巢上部盖好副盖和箱盖。

图 175　贮蜜箱格
（李长根 摄）

　　格子箱圈中的蜂蜜可以作为巢蜜，置于"井"字形木架上，经过边缘残蜜清理，包装后即可出售（图 176），或者割下蜜脾、捣碎，经过 80 目或 100 目滤网过滤，形成分离蜂蜜，也可经过水浴加热将蜂蜜与蜂蜡分离，再行过滤；利用榨蜡机，可挤出蜂蜜。

　　蜡渣可做化蜡处理，也可做引蜂的诱饵，洗下的甜汁用作制醋的原料。

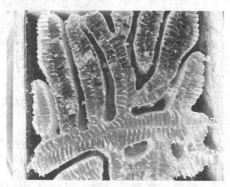

图 176　割取蜂蜜
（李长根　摄）

2. 高产措施　生产前添加格子箱圈，箱圈中加浅框或巢蜜格、盒造脾；流蜜期贮蜂蜜，蜜满后其下再加新箱活框贮蜜，或者撤出格子蜜箱；花结束，未封盖蜂蜜箱重返蜂巢上方，继续酿蜜成熟。如果贮蜜箱蜂蜜稠厚，就将蜜箱直接加到最上层；如果蜂蜜稀薄，就将蜜箱加到下边第二层位置，达到奖励饲喂促进蜜蜂繁殖的作用。

（五）活框过箱格子蜂箱

1. 裁切巢脾　保留卵房、花粉的新脾，蜂少裁成巴掌大小3～4块，蜂多可大，以蜂包脾形成球状为准。

2. 固定巢脾　将切好的巢脾穿插在箱内竹签上固定，并靠箱壁均匀排列（图177）。

3. 蜂王挂在脾边上。

4. 引蜂　用一张铜版纸卷一个 V 形纸筒，舀蜂堆放脾上，盖上箱盖，剩余蜜蜂抖落地上自行进巢。也可将格子箱圈置于活框箱上，所余缝隙用纸板堵住，敲击下面箱体，驱赶蜜蜂往上爬入。

如果蜂王丢失，则有蜜蜂扇风招王活动，及时导入带台小脾。

5. 处理蜂不进箱　原因有木材味太浓，可涂抹蜜渣消除。

图 177　过　　箱

过箱或收蜂时，先把少量蜜蜂放到脾上，其他蜜蜂随着上去。

（六）分蜂增殖

格子蜂箱分蜂也有自然与人工两种。分出蜜蜂，都要饲喂，加强繁殖。

1. 自然分蜂　蜂群发生自然分蜂，再行收捕处理。

（1）预测时间　每年中蜂都有比较固定的分蜂时间，即分蜂季节，如中原地区每年 4 月下旬至 5 月上中旬，蜂群经过一个春天的增长，蜂多蜜多，便集中养王闹分蜂（家）。在此期间，打开观察窗口，查看王台有无，估算出王时间。

（2）捕捉蜂王　王台封盖后，蜂群出现分蜂迹象，巢门安装多功能笼（可供中蜂自由进出，蜂王能进不能出，意蜂工蜂不能通过）。此后几天，注意观察，当看见大量蜜蜂涌出巢门，在蜂场飞舞盘旋，即表明分蜂开始。首先找到分蜂群，守在箱侧观察，待蜂出尽、工蜂设防，取下有王多功能王笼。

（3）原巢安置　等到分蜂出尽，关闭巢门，打开通气窗口，将格子蜂巢不带底座迁移别处，并置于新的底座上；或者不关巢门，仅将蜂巢移出原来位置。待分蜂处理后，再把老箱放回原址，也可把老箱放其他处，新蜂箱放原址。

原箱留王台 1 个，多余清除。

（4）分蜂处理　首先准备新箱一套，内部绑定有蜜有粉子脾 1～2 块。

①引蜂回巢。在原底座上放置新箱，蜂王带笼置于巢门踏板上，吸引分蜂回巢，待多数蜜蜂进入蜂箱，打开笼门，蜂王随工蜂进巢，分蜂收尽，关闭巢门，注意通风，将分蜂群迁移到合适位置饲养，打开巢门。

②引蜂入笼。在原址挂收蜂笼，把王带笼挂在收蜂笼中，或将有蜂王的笼挂在分蜂蜜蜂集中处的树枝上，招引分蜂进笼结团，蜂团稳定后，抖蜂入新箱，蜜蜂稳定后搬走另养，老箱放原址。

③收蜂务必将老蜂王收回。

④格子箱圈收蜂或过箱初期，预留空间要大，等蜜蜂造脾后再根据蜂数增减箱体数量，在傍晚进行奖励喂养。

2. 人工分蜂　将格子蜂箱底座侧（后）门做成随时可撤可装形式，取下侧（后）门，换上纱窗门，改成通风口，关闭通蜂（巢）门，上加两箱圈，蜂巢置其上，打开上箱盖，风机吹蜂至底，及时插入隔王板于巢箱和空格箱圈之间，然后静等工蜂上行护脾。底座和空格箱内剩余少量工蜂和老王，撤走另置，添加有蜜有子有蜂箱圈，两天后撤走格子空箱圈，即成为新群老王。原群下再加底座，静等处女蜂王交配产卵。

（1）平均分蜂法　结合割蜜分蜂。先将上层贮蜜格子箱圈取走，再把有子格子蜂巢从中间用线平均分离，上下分开，分别置于底座之上，位于原箱左右，距离相等、相近，以后经过观察，蜂多的一群向外移，蜂少的一群向中间移，尽量做到两群蜂数量相当。如果将其中一群搬走，就多分配一些蜜蜂，弥补回蜂损失。通过观察，生活秩序井然的为有王群（一般王在下部箱圈），适当奖励糖水；飞出蜜蜂乱窜、巢门有蜂惊慌悲鸣、傍晚聚集巢门的可断定为无王群，应及时导入成熟王台或产卵蜂王，或静等其急造王台自行培育蜂王。注意割蜜时须预防盗蜂，如清净残蜜等。

不割蜂蜜分蜂。蜂巢出雄现台便可分蜂。先去掉内外箱盖，上加格子箱圈1个，盖回箱盖。敲击箱体或由下向上喷烟赶蜂上行，蜂王随同。然后使用钢丝或刀片将蜂巢从中间上下分离，上部蜂多食多无台有王，置于新址，上下加底座和箱盖；下部蜂少子多无王有台，不动，外勤蜂回巢养王，盖上箱盖。

操作应在上午进行，如果夜间进行，原群应留适当蜜蜂，防止蜂少冻蜂饿蜂。

（2）割脾分蜂法　第一，打开箱盖、副盖，上置收蜂笼，先驱赶蜜蜂爬进收蜂笼，找到蜂王，关入王笼，并挂于收蜂笼中，待蜂结团；第二，割下蜜脾，留下封盖子脾、花粉脾和少量的空脾，取下空蜜箱圈；第三，将子脾箱平均分割两块，或者将子脾按要求裁切，清净边缘，用竹签串起，相间排列，平均分到两个格子箱圈中；第四，原址放底座一个，选新址一个放好底座，然后将等量的带子格子箱分别置于底座上，新址蜂巢带老王，用纸筒舀蜂于内，盖好箱盖；再将收蜂笼内的余蜂抖落于旧址箱内，并盖好箱盖。

分蜂有时也简单，当发现蜂群出王台，在晴天午前，先移开原箱，原址添加一格箱圈，从原群中割取子脾，裁成手掌大小，固定箱圈中后，导入成熟王台，回巢蜜蜂即可养育出新王。

（3）圆桶箱圈人工分蜂　蜂群有王台，将原群有王箱体搬离，放置它处；原地放有王台箱体，接回蜂。

通过箱外观察判断蜂群正常与否。新王产卵，蜂多粉多；无王蜂群，巢门进出三三两两，长时不见带粉蜜蜂。处女群少干扰，如长期归巢蜜蜂不带粉，蜂黑亮，须淘汰。

3. 预防分蜂　中蜂春分群，弱群也起台，若天气反常，点卵就分蜂。及时更新蜂王可有效地防止自然分蜂；其他改善蜂群环境的方法，亦能起到预防作用，例如，用泡沫板遮阳避免阳光直射、多加格子箱圈增大内部空间、上下开门供蜂出入等。

(七) 蜂病防治

巢虫是蜡螟的幼虫，钻蛀巢脾，致蛹死亡，防治方法如下。

1. 蜂箱合适　箱圈内围尺寸要按当地蜜源、群势具体情况来定，尺寸适合，宜略小不宜大。

2. 更新蜂巢　一年割两三格蜜，脾新蜂旺，抑制巢虫发生。

3. 管理　蜂、格相称，阻虫上脾；及时清除箱底垃圾，消灭箱底卵虫；分蜂原群，蜂少箱多，及时撤离多余箱格，奖励饲喂，驱赶巢虫。

(八) 蜂群越冬

根据蜂群大小，保留上部 1~2 个蜜箱，撤除下部箱圈，用编织袋从上套下，包裹箱体 2~6 层，用小绳捆绑，缩小巢门（图 178）。

图 178　保温防鸟包装

二、活框箱养中蜂

利用蜂箱、巢框像意蜂一样饲养中蜂的方法，是中蜂养殖发展的方向（图179）。

图 179　活框蜂箱养中蜂

（一）遴选场地

中蜂多数定地饲养，场地以山区为宜，要求在场地周围1.5千米半径内，全年有1～2个比较稳产的主要蜜源（如荆条、酸枣等）和连续不断的辅助蜜源；水源充足，水质洁净。方圆200米内的温度、湿度和光照要适宜，避免选在风口、水路和低洼处，要求背风、向阳，冬暖夏凉，巢门前面开阔，背面有挡风屏障。还要考虑诸如虫、兽、水、火等对人、蜂可能造成的危险，两蜂场之间相距2千米左右，要距离意蜂场2.5千米以上。另外，还要避开化工厂、粉尘厂、糖浆厂、养猪场等。少数中蜂小转地放养，场地以蜜源中心或边缘皆可，要求蜂路开阔，蜂场标志明显。

（二）摆放蜂群

摆放蜂箱前，先把场地清理干净，蜂群可摆放在房前屋后，也可散放在山坡。蜂箱前低后高，左右平衡，巢门朝向南方和东南皆可。

1. 置于庭院　置于房前屋后的蜂群，应将蜂箱支离地面25厘米以上，经常打扫蜂场，防止蚁兽等对蜜蜂的侵害以及保持蜂群卫生。有些群众将蜂箱（桶）悬挂在房屋墙壁上。

2. 散放山坡 散放山坡的蜂群，依地形地物放置蜂群（图180），每个点可放蜂30群左右（在蜜源丰富、连贯的条件下可多放）。在着重考虑蜜源利用和温湿度对蜂群影响的同时，通行方便安全，还应预防自然灾害。

图180 散放山坡的中蜂群

3. 集中排列 集中排列蜂群时，以3～4群为一组，背对背方向各异，应以利于蜜蜂识别巢门方位、便于管理和不引起盗蜂为准，充分利用地形、地物，使各群巢门尽量朝不同方向或处于不同高低位置。

（三）检查蜂群

1. 箱外观察 检查中蜂，多以箱外观察为主，根据蜜蜂的生物学特性和养蜂的实践经验，在蜂场和巢门前观察蜜蜂行为和现象，从而分析和判断蜂群的情况。冬季，巢门前有蜜蜂翅膀，箱内必有鼠。抬举蜂箱，以其轻重判断食物缺盈。拍打蜂箱，正常蜂群蜜蜂会发出整齐的嗡鸣声。

2. 开箱检查 开箱检查与意蜂相似，参照模块四专题二进行。

开箱检查注意事项。开箱检查要有计划，主要在分蜂季节、育种换王时期、越冬前后。开箱检查蜂群次数尽量少，时间尽量短，天气尽量好，蜜源宜丰富。操作时须要穿防护衣戴防护帽，备齐起刮刀、喷水壶等工具。操作要求轻、稳、快、准，提脾放脾须直上直下，防止碰撞挤压蜜蜂，还须注意覆盖暴露的蜂巢，预防盗蜂。

检查结束，对蜂群的群势大小、蜜蜂稀稠、饲料多少、蜂王优劣、王台有无、蜂子生长快慢、蜜蜂健康与否等做出判断，记录存档，制定管理措施。

(四) 蜂群管理

管理中蜂，选用年轻优质蜂王、每年更新巢脾、尽量少开箱和少干扰，减少取蜜次数，保持蜂群饲料充足的原则，防止雨淋和日光曝晒蜂群，饲养强群。专业养蜂场，要求蜂、人相伴，人不离场，时刻掌握蜂群动向，采取相应措施。

其他管理措施参照意蜂进行。

■ 专题二　转地放蜂 ■

根据生产或管理需要，按开花先后以放蜂路线将养蜂场地贯穿起来。长途转地放蜂，一般从春到秋，从南向北逐渐赶花采蜜，最后再一次南返。现在运输蜂群，多选用汽车，方便快捷。

意蜂能长距离大转地放蜂，中蜂适合定地和小转地采蜜。无论意蜂还是中蜂，每一次转地，都会影响蜂群的繁殖、工蜂的寿命或造成部分工蜂丢失。

一、运蜂准备

1. 选择场地　先选定蜜源，再遴选搁蜂场地，凡是在人口密集、水道或风口上的地方，都不宜搁蜂。

2. 调整蜂群　一个继箱群放蜂不超过 14 脾，上 7 下 7，封盖子 3～4 框，多余子脾和蜜蜂调给弱群；一个平箱群有蜂不超过 8 脾，否则应加临时继箱。

群势大致平衡后，继箱群的巢箱放小子脾，卵虫脾居中，粉蜜脾依次靠外，继箱放老子脾，巢、继箱内的巢脾全向箱内一侧或中间靠拢。平箱群的巢脾顺序不变。

3. 饲料充足　每框蜂有贮蜜 0.5 千克以上的成熟饲料，忌稀蜜运蜂，还要有一定量的粉脾。

在装车前 2 小时，给每个蜂群喂水脾 1 张，并固定；或在装车时从巢门向箱底打（喷）水 2～3 次，蜂箱盖或四周洒水降温。

4. 包装蜂群　运输蜂群，须固定巢脾与连接上下箱体，防止巢脾碰撞压死蜜蜂，装车、卸车方便。这项工作在启运前 1～2 天完成。

（1）固定巢脾　以牢固、卫生、方便为准（图 181）。

图 181　固定巢脾
A. 框卡固定　B. 海绵条压实

①用框卡或框卡条固定。在每条框间蜂路的两端各楔入一个框卡，并把巢脾向箱壁一侧推紧，再用寸钉把最外侧的隔板固定在框槽上。

②铁钉固定。在蜂箱前、后壁上，对准巢框的侧条等距离打上一排铁钉，钉子略向上翘，穿过箱壁钉住巢脾侧条。

③海绵条固定。用特殊材料制成的具有弹（韧）性的海绵条，置于框耳上方，高出箱口 1～3 毫米，盖上副盖、大盖，以压力使其压紧巢脾不松动。用时与挑箱的绳相结合。

（2）连接箱体　用绳索等把上下箱体及箱盖连成一体。

①用竹片钉。用两端钻有小孔、长约 300 毫米、宽约 25 毫米、厚 5 毫米的竹片，在巢箱和继箱前、后或左、右两面，按"八"字形钉住，副盖与箱沿用铁钉固定。

②用连箱扣。在蜂箱左右两面用四对连箱扣或弹簧进行连接。

铁纱副盖也用铁钉固定在巢箱或继箱上，最后收起覆布。

③挑绳捆扎。用海绵压条压好巢脾后，紧绳器置于大盖上，挂上绳索，旋转紧绳器的杠，即达到箱体联结和固定巢脾的目的，随时可以挑运（图182）。

图182　捆扎蜂箱

5. 运输工具　运输蜜蜂的汽车，必须车况良好，干净无毒，车的大小（吨位）和车厢大小与所拉蜂量和蜂箱装车方法（顺装或横装）相适应。蜂车启程后尽量走高速公路，在条件许可的情况下，可与车主签订运蜂合同，明确各方义务和责任。

二、装车启运

应根据蜜源花期和计划等适时启运蜂群，以有助于生产和繁殖。在主要蜜源花期首尾相连时，应舍尾赶前，即舍弃前一蜜源的尾期，赶赴新蜜源的始花期。运输蜂群的时间，应避免处女王出房前或交尾期运蜂，忌在蜜蜂采集兴奋期和刚采过毒时转场。

1. 关巢门运蜂时装车　打开箱体所有通风纱窗，收起覆布，然后在傍晚大部分蜜蜂进巢后关闭巢门。若巢门外边有许多蜜蜂，可用喷烟或喷水的方法驱赶蜜蜂进巢。适合阴雨低温天气或从温度高的地区向温度低的地区运蜂，以及适应关门运蜂的通风要求。蜂箱顺装，汽车开动，使风从车最前排蜂箱的通风窗灌进，从最后排的通风窗涌出。

每年1月，许多北方蜂场赶赴南方油菜场地繁殖蜜蜂，弱群折叠覆布一角，强群应取出覆布等覆盖物；较高温度、短距离运输意蜂，须取下覆布，副盖通风良好。短距离运输中蜂，巢门和通风窗都应关闭，但应掀开覆布一角，留下蜜蜂透气的出气孔，保持蜂巢黑暗，蜂巢中还要有足够的空间。

关门运蜂适合各种运输工具。

2. 开巢门运蜂时装车 必须蜂群强壮、子脾多和饲料充足，取下巢门档开大巢门。

（1）装车时间 白天下午装车，但需要避开傍晚蜜蜂收工回巢高峰期。

（2）装蜂准备 装卸人员戴好蜂帽、穿好工作服，束好袖口和裤口，着带腰的胶鞋。在蜂车附近燃烧秸秆，产生烟雾，使蜜蜂不致追蜇人畜。另外，养蜂用具、生活用品事先打包，以便装车。

（3）装车操作 装车以4个人配合为宜，1人喷水（洒水），每群喂水1千克左右，2人挑蜂，1人在车上摆放蜂箱。蜂箱横装，箱箱紧靠，巢门朝向车厢两侧。蜂箱顺装，箱箱紧靠，巢门向前。最后用绳索挨箱横绑竖捆，刹紧蜂箱（图183）。

图183 装 车

开门运蜂,任何时间转移蜂群都可应用,尤其适合繁殖期运蜂。仅适合汽车运输。

3. 开车启运的时间 蜂车装好后,如果是开巢门装车运蜂,则在傍晚蜜蜂都上车后再开车启运。如果是关巢门装车运蜂,刹车好后就开车上路。黑暗有利于蜜蜂安静,因此,蜂车应尽量在夜晚行驶,第二天午前到达,并及时卸蜂。

三、途中管理

1. 汽车关巢门运蜂途中管理 最好运输距离在 300 千米左右,傍晚装车,夜间行驶(图 184),黎明前到达,天亮时卸蜂,可不喂水,途中不停车,到达场地,蜂群卸下摆到位置上时取下大盖,向蜂群喷少量水,待全部摆上场地,及时开启巢门,盖上大盖,蜜蜂上脾后再盖覆布。

图 184 夜晚运蜂

若需白天行驶,避免白天休息,争取午前到达,以减少行程时间和避免因蜜蜂骚动而闷死蜜蜂。遇白天运蜂堵车应绕行,其他意外不能行车应当机立断卸车放蜂,傍晚再装运。

8—9 月从北方往南方运蜂,途中可临时放蜂;11 月至翌年 1 月运蜂,提前做好蜂群包装,途中不喂蜂、不放蜂,不洒水,关巢门,视蜂群大小折叠覆布一角或收起,避免剧烈震动。卸下蜂群,等蜜蜂安静后或在傍晚再开巢门。

运输途中，严禁携带易燃易爆和有害物品，不得吸烟生火。注意装车不超高（蜂车总高度不超过 4.5 米），押运人员乘坐位置安全，按照规定进行运输途中作业，防止意外事故发生。

2. 汽车开巢门运蜂途中管理 如果白天在运输途中遇堵车等原因，蜂车停住，或在第二天午前不能到达场地，应把蜂车开离公路，停在树荫处，待傍晚蜜蜂都飞回蜂车后再走。如果蜂车不能驶离公路，就要临时卸车放蜂，蜂箱排放在公路边上，巢门向外（背对公路），傍晚再装车运输。

临时放蜂或蜂车停住，应对巢门洒水，否则其附近须有干净的水源，或在蜂车附近设喂水池。

四、卸车管理

到达目的地，蜂车停稳，即可解绳卸车，或对巢门边喷水边卸车，尽快把蜂群安置到位。然后向巢门喷水（勿向纱盖喷水），待蜜蜂安静后，即可打开巢门。如果蜂群不动，有闷死的危险，则应立刻打开大盖、副盖，撬开巢门。

如果运输途中停过车，蜜蜂偏集到装在周边的蜂箱里，在卸车时，须有目的地 3 群一组，中间放中等群势的蜂群，两边各放 1 个蜂多的蜂群和蜂少的蜂群，第二天，把左右两边的蜂群互换箱位。

模块六　获取高质量产品

通常，蜂产品是作为食品、保健品甚至作为药品直接进入市场，并被直接食用，有很高的价值。质量、品质和卫生始终贯穿于生产前的准备、生产过程和贮存包装各个环节。生产者必须身体健康，严格遵守相关卫生规定，讲究卫生，使蜂蜜不能有任何的污染。

■　专题一　蜂蜜的生产　■

现代养蜂，生产蜂蜜的方法有分离蜜、蜂巢蜜和压榨蜜 3 种。

一、分离蜜

分离蜜是利用分蜜机的离心力，把贮存在巢房里的蜂蜜甩出来，并用容器承接收集。

在生产蜂蜜的当天早上，清扫蜂场并洒水，保持生产场所及周围环境的清洁卫生。用清水冲洗生产工具、盛蜜容器等与蜂蜜接触的一切器具，晒干备用，必要时使用 75％ 的酒精消毒。生产人员须穿工作服，戴帽戴口罩，注意个人卫生，以及其他必要的防护着装。

（一）工艺流程

包括脱蜂→切割蜜盖→分离蜂蜜→归还巢脾等 4 个步骤。

（二）操作方法

1. 脱蜂　把附着在蜜脾上的蜜蜂脱离蜜脾，其方法有抖落蜜蜂和吹风机吹落蜜蜂等。

（1）抖落蜜蜂　多数用于双箱体饲养、转地放蜂。人站在蜂箱一侧，打开大盖，把贮蜜继箱搬下，搁置在仰放的箱盖上，并在巢箱上放1个一侧带空脾的继箱；然后推开贮蜜继箱的隔板，腾出空间，两手紧握框耳，依次提出巢脾，对准新放继箱内空处、蜂巢正上方，依靠手腕的力量，上下迅速抖动2～3下，使蜜蜂落下，再用蜂扫扫落巢脾上剩余的蜜蜂（图185）。脱蜂后的蜜脾置于搬运箱内，搬到分离蜂蜜的地方。当蜂扫沾蜜发黏时，将其浸入清水中涮干净，水甩净后再用。

图185　脱　蜂

根据用力大小和快速抖动的次数，抖蜂有硬抖和软抖之分。抖脾脱蜂，要注意保持平稳，不碰撞箱壁和挤压蜜蜂。

（2）吹落蜜蜂　多数用于多箱体饲养、定地放蜂。将贮蜜继箱置于支架上，吹风机喷嘴朝向蜂路吹风，将蜜蜂吹落到蜂箱的巢门前。

2. 切割蜜盖　左手握着蜜脾的一个框耳，另一个框耳置于割蜜盖架上（"井"字形木架）或其他支撑点上，右手持刀紧贴蜜房盖从下向上顺势徐徐拉动，割去一面房盖，翻转蜜脾再割另一面，割完后送入分蜜机里进行分离（图186）。为提高切割效率，可采用电热割蜜刀切割，大型养蜂场还用电动割蜜盖机（图 187）。

图 186　切割蜜房盖

（朱志强 摄）

图 187　电动切蜜盖机切割蜜房盖

（引自 刘富海）

　　割下的蜜盖和流下的蜂蜜，用干净的容器承接起来，最后滤出蜡渣，滤下的蜂蜜作蜜蜂饲料或酿造蜜酒、蜜醋。

　　3. 分离蜂蜜　将割除蜜房盖的蜜脾置于分蜜机的框笼里，转动摇把，由慢到快，再由快到慢，逐渐停转，甩净一面后换面或交叉换脾，再甩净另一面（图188）。遇有贮蜜多的新脾，先分离出一面的一半蜂蜜，甩净另一面后，再甩净初始的一面。在摇蜜时，放脾提脾要保持垂直平行，避免损坏巢房；摇蜜的速度以甩净蜂蜜而不甩动虫蛹为准。

图188　分离蜂蜜——手工摇蜜
（朱志强 摄）

在大型蜂场设置有取蜜车间或流动取蜜车，配备辐射式自动蜂蜜分离机等，用于提高劳动效率。在分离蜂蜜过程中，分蜜机的转速随着巢脾上蜂蜜被甩出从低速而逐渐加快，并以250~350转/分的速度将巢脾中残留的蜂蜜分离出来。具有工效高、巢脾不易损坏和有利于分离较高浓度蜂蜜的特点。

4. 归还巢脾　取完蜂蜜的巢脾，清除蜡瘤、削平巢房口后，立即返还蜂群。

采收平箱群的蜂蜜，首先要把该取的巢脾提到运转箱内，把有王脾和余下的巢脾按管理要求放好，再抖"蜜脾"上的蜜蜂于巢箱中，随抖蜂随取蜜、还脾。

（二）贮存方法

分离出的蜂蜜，及时撇开上浮的泡沫和杂质，并用80♯或100♯无毒滤网过滤，再装入专用包装桶内，每桶盛装75千克或100千克，贴上标签，注明蜂蜜的品种、浓度、生产日期、生产者、生产地点和生产蜂场等，最后封紧桶口（图189、图190），贮存于通风、干燥、清洁的仓库中，按品种、浓度进行分等、分级，分别堆放、码好，不露天存放。在运输时，蜜桶叠好、捆牢，尽量避免日晒雨淋，缩短运输时间。

图 189　分离蜂蜜——过滤
（朱志强 摄）

图 190　贮存蜂蜜

（三）优质高产措施

1. 优质措施　选择蜜源丰富、环境良好的地方放蜂，饲养强壮蜂群，多个继箱供蜜蜂采蜜贮蜜；在主要蜜源泌蜜开始后清净蜂巢中原有蜂蜜，单独存放。

在花期即将结束或巢内出现巢白（巢房加高现象）、贮蜜房有1/3封盖（图191）时，于6：00—10：00取蜜，新取蜂蜜浓度不低于40.5波美度*。严格按操作规程和卫生要求取蜜，严禁污染（植物花期不施药，生产期开始前30天对蜂群停用药。不用老脾取蜜，防扬尘与飞虫，远离空气、水源污染的地方放蜂，不使幼虫体液混入蜂蜜，不用水洗割蜜刀，提倡用无污染分蜜机取蜜）。

图 191　全封盖蜜脾

2. 高产措施　蜜源丰富，新王强群，适当控制繁殖。

---

　* 波美度为非法定计量单位，浓度单位，生产中常用，本书中仍保留，20℃下40.5波美度液态蜂蜜的含水量为22.3%。

二、蜂巢蜜

蜜蜂把花蜜酿造成熟贮满蜜房、泌蜡封盖并直接作为商品被人食用的叫巢蜜。

(一) 工艺流程

巢蜜的生产工艺流程如图 192 所示。

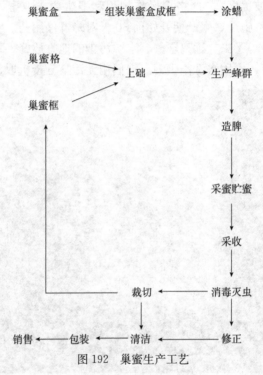

图 192　巢蜜生产工艺

(二) 操作方法

1. 组装巢蜜框　巢蜜框架大小与巢蜜盒（格）配套，四角有钉子，高约 6 毫米。先将巢蜜框架平置在桌上，把巢蜜盒每两个盒底上下反向摆在巢框内，再用 24 号铁丝沿巢蜜盒间缝隙竖捆两道，等待涂蜡（图 193）；或者把巢蜜盒组合在巢蜜框架内，置于 T 形和 L 形托架上即可（图 194）。

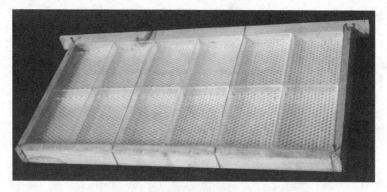

图 193　组盒成框
（孙士尧 摄）

图 194　圆形巢蜜盒、架组合

2. 镶础或涂蜡

（1）盒底涂蜡　首先将纯净的蜜盖蜡加开水熔化，然后把盒子础板（巢蜜础板比巢蜜盒的外围尺寸略小，高约 18 毫米）包上绒布即是盒子巢蜜础板，见图 195，反之，则为巢蜜格础板在被水熔化的蜂蜡里蘸一下，再放到巢蜜盒内按一下，整框巢蜜盒就涂好蜂蜡备用。为了生产的需要，涂蜡尽量薄少。

（2）格内镶础　先把巢蜜格套在格子础板上，再把切好的巢础置于巢蜜格中，用熔化的蜡液沿巢蜜格巢础座线将巢础粘固，或用巢蜜础轮沿巢础边缘与巢蜜格巢础座线滚动，使巢础与座线粘合。

187

图 195　巢蜜础板
(引自 Killion，1975)

（3）修筑巢蜜房　利用生产前期蜜源修筑巢蜜脾，3～4 天即可造好巢房。在巢箱上一次加两层巢蜜继箱，每层放 3 个巢蜜框架，上下相对，与封盖子脾相间放置，巢箱里放 6～7 张巢脾（图 196）。

也可用 10 框标准继箱，将巢蜜、盒格组放在特制的巢蜜格框内；或者，将浅继箱放置 10 张巢蜜框，置于隔王板上层、深继箱下层，供蜜蜂造脾。

3. 组织生产群　单王生产群，在主要蜜源植物泌蜜开始的第二天调整蜂群，把继箱卸下，巢箱脾数压缩到 6～7 框，蜜粉脾提出（视具体情况调到副群或分离蜜生产群中），巢箱内子脾按正常管理排列后，针对蜂箱内剩余空间可采用二、七分区管理法：用闸板分开，小区做交配群（图 197）。巢箱调整完毕，在其上加平面隔王板，隔王板上面放巢蜜箱。

巢蜜箱中的巢蜜盒（格）框，蜂多群势好的多加，蜂少群势弱的少加，以蜂多于脾为宜。

4. 管理生产群

（1）控制分蜂　生产巢蜜的蜂群须应用优良新王，及时更换老劣蜂王；加强遮阳通风；积极进行王浆生产。

（2）叠加继箱　组织生产蜂群时加第一继箱，箱内加入巢蜜

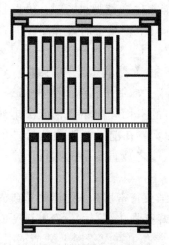 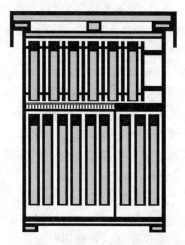

图 196　巢蜜格与子脾排列　　　　图 197　巢蜜生产群的蜂巢

框后，应达到蜂略多于脾，待第一个继箱贮蜜 60％时，蜜源仍处于流蜜盛期，及时在第一个继箱上加第二个继箱，同时把第一个继箱前、后调头，当第一个继箱的巢蜜房已封盖80％，将第一个巢蜜继箱与第二个调头后的继箱互换位置，若蜜源丰富，第二个继箱贮蜜已达70％，则可考虑加第三继箱，第三继箱直接放在前两个继箱上面，第一个继箱的巢蜜房完全封盖时，及时撤下（图198）。

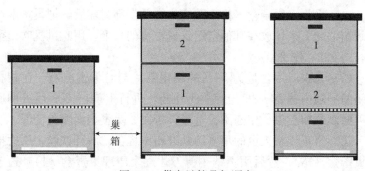

图 198　巢蜜继箱叠加顺序
1. 第一继箱　2. 第二继箱

（3）控制蜂路　采用 10 框标准继箱生产整脾巢蜜时，蜂路控制在 5～6 毫米为宜；采用 10 框浅继箱生产巢蜜时，蜂路控制在 7～8 毫米为佳。

控制蜂路的方法：在每个巢蜜框（或巢蜜格支承架）和小隔板的一面四个角部位钉 4 个小钉子，每个钉头距巢框 5～6 毫米。相间安放巢框和隔板时，有钉的一面朝向箱壁，依次排列靠紧，最后用两根等长的木棒（或弹簧）在前后两头顶住最外侧隔板，另一头顶住箱壁，挤紧巢框，使之竖直、不偏不斜，蜂路一致。

（4）促进封盖　当主要蜜源即将结束，蜜房尚未贮满蜂蜜或尚未完全封盖时，须及时用同一品种的蜂蜜强化饲喂。没有贮满蜜的蜂群喂量要足，若蜜房已贮满等待封盖，可在每天晚上酌情饲喂。饲喂期间揭开覆布，以加强通风，排除湿气。

（5）预防盗蜂　为被盗蜂群做一个长宽各 1 米、高 2 米，四周用尼龙纱围着的活动纱房，罩住被盗蜂群。被盗不严重时，只罩蜂箱不罩巢门；被盗严重时，蜂箱、巢门一起罩上，开天窗让蜜蜂进出，待盗蜂离去、蜂群稳定后再搬走纱房。利用透明无色塑料布罩住被盗蜂群，亦可达到撞击、恐吓直至制止盗蜂的目的。在生产巢蜜期间，各箱体不得前后错开来增加空气流通。

5. 采收与包装

（1）采收　巢蜜盒（格）贮满蜂蜜并全部封盖后，把巢蜜继箱从蜂箱上卸下来，放在其他空箱（或支撑架）上，用吹风机吹出蜜蜂（图 199、图 200）。

（2）灭虫　用含量为 56% 的磷化铝片剂对巢蜜熏蒸，在相叠密闭的继箱内按 20 张巢蜜脾放 1 片药，进行熏杀，15 天后可彻底杀灭蜡螟的卵、虫。用药不得过量，否则，巢蜜表面颜色变深。

（3）修正　将灭虫的巢蜜脾从继箱中提出，解开铁丝，用力推出巢蜜盒（格），然后用不锈钢薄刀片逐个清理巢蜜盒（格）边沿和四角上的蜂胶、蜂蜡及污迹，对刮不掉的蜂胶等，用棉纱浸酒精擦拭干净，再盖上盒盖或在巢蜜格外套上盒子（图 201）。

图 199　卸下巢蜜继箱
（李新雷 摄）

图 200　巢　蜜

　　（4）包装　如果生产的是整脾巢蜜，则须经过裁切和清除边蜜后进行包装（图 202）。

图 201　格子巢蜜的修整与包装

图 202　切割巢蜜，用玻璃纸包裹后再用透明塑料盒包装

(三) 贮存方法

根据巢蜜的平整与否、封盖颜色、花粉房的有无、重量等进行分级和分类，剔除不合格产品，然后装箱，在每 2 层巢蜜盒之间放 1 张纸，防止盒盖的磨损，再用胶带纸封严纸箱，最后把整箱巢蜜送到通风、干燥、清洁的仓库中保存，温度在 20℃ 以下为宜。若长久保存，室内相对湿度应保持在 50%～75%。按品种、等级、类型分垛码放，纸箱上标明防晒、防雨、防火、轻放等标志。

在运输巢蜜过程中，要尽力减少震动、碰撞，要苫好、垫好，避免日晒雨淋，防止高温，尽量缩短运输时间。

(四) 优质高产措施

1. 高产措施　新王、强群和蜜源充足是提高巢蜜产量的基础，选育产卵多、进蜜快、封盖好、抗病强、不分蜂的蜂群（如用东北黑蜂为母本、黄色意蜂为父本的单交或双交蜂种）连续生产，可加快生产速度，安排 2/3 的蜂群生产巢蜜，1/3 的蜂群生产分离蜜，在流蜜期集中生产，流蜜后期或流蜜结束，集中及时喂蜜。

2. 优质措施　在生产巢蜜的过程中，严格按操作要求、巢蜜质量标准和食品卫生要求进行。坚持用浅继箱生产，严格控制蜂路并保持巢蜜框竖直。防止污染，不用病群生产巢蜜。饲喂的蜂蜜必须是纯净、符合卫生标准的同品种蜂蜜，不得掺入其他品种的蜂蜜或异物，确保生产饲喂工具无毒，用于灭虫的药物或试剂，不得对巢蜜外观、气味等造成污染。在巢蜜生产期间，不允许给蜂群喂药，防止抗生素污染。

■ 专题二　　蜂王浆的采集 ■

蜂群长大后，就计划分家（蜂），在分家之前，于脾下缘建造王台，蜂王在王台中产卵，年轻工蜂向王台中分泌大量的蜂王浆喂幼虫（图 203）；如果蜂群中没有蜂王，也没有王台，工蜂就将有 3 日龄内小幼虫的工蜂房改造成王台，并喂给大量的蜂王浆，培养这条小幼虫长成蜂王（图 204）。根据上述现象，人们模拟自然王台制作人工王台基——蜡碗或塑料台基（条），把 3 日龄内的工蜂小幼虫移入人工王台基内放进蜂群，同时通过适当的管理措施使蜂群产生育王欲望，引诱工蜂分泌蜂王浆来喂幼虫，经过一定时间，待王台内积累的蜂王浆量最多时，取出，捡出幼虫，把蜂王浆挖（吸）出来，贮存在容器中，这就是一般蜂王浆的生产原理。

图 203　自然王台

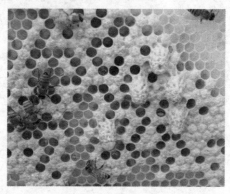

图 204　改造王台

（黄智勇 摄）

一、计量蜂王浆的采集

以重量来计算蜂王浆多少的生产方式。

（一）工艺流程

生产蜂王浆的工艺流程见图 205。

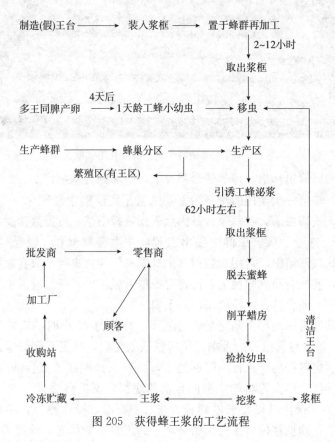

图 205　获得蜂王浆的工艺流程

（二）操作方法

1. 安装浆框　用蜡碗生产的，首先粘装蜡台基，每条 20～30 个。用塑料台基生产的，每框装 4～10 条，用金属丝绑在王浆框条上即可（图 206）。

蜡碗可使用 6～7 批次，塑料台基用几次后，用刮刀旋刮，清理浆垢和残蜡 1 次，用清水冲洗后再继续使用。

2. 亲台　将安装好的浆框插入产浆群中，让工蜂修理 2～3 小

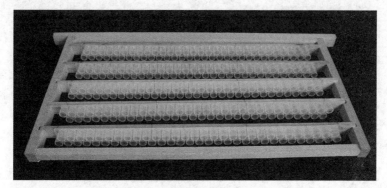

图 206　将双排塑料台基条捆绑在王浆框上

时，即可取出移虫。掉落的台基补上，啃坏的台基换掉。

凡是第一次使用的塑料台基，须置于产浆群中修理 12～24 小时，正式移虫前，在每个台基内点入新鲜蜂王浆，可提高接受率。

3. 移虫　从供虫群中提出虫脾，左手提握框耳，轻轻抖动，使蜜蜂跌落箱中，再用蜂扫扫落余蜂于巢门前。虫脾平放在承脾木盒中，使光线照到脾面上，再将育王框（或王台基条）置其上，转动待移虫的台基条，使台基口向上斜。

选择巢房底部王浆充足、有光泽、孵化约 24 小时的工蜂幼虫（图 207），将移虫针的舌端沿巢房壁插入房底，从王浆底部越过幼虫，顺房口提出移虫针，带回幼虫，将移虫针端部送至台基底部，推动推杆，移虫舌将幼虫推向台基的底部，退出移虫针（图 208、图 209）。操作过程要求做到轻、快、稳、准，操作熟练，不伤幼虫和防止幼虫移位，保持其始终浮于蜂王浆上的状态。速度为 3～5 分钟移虫 100 条左右。

移虫在晴暖无风的天气或室内进行，避免阳光直射幼虫，场所清洁卫生，气温 20～30℃、相对湿度 75％～80％。

4. 插框　移好 1 框，将王台口朝下放置，及时加入生产群生产区中，引诱工蜂泌浆喂虫（图 210）。暂时置于继箱的，上放湿毛巾覆盖，待满箱后同时放框；或将台基条竖立于桶中，上覆湿毛巾，集中装框，下午或傍晚插入最适宜。

图 207　培育适龄王浆虫

图 208　移虫针的正确用法

图 209　移　虫

插虫框、
收浆框

图210　引诱工蜂泌浆喂虫
（叶振生 摄）

5. 补虫　移虫2～3小时后，提出浆框进行检查，凡台中不见幼虫的（蜜蜂不护台）均需补移，使接受率达到90％左右；利用机械生产王浆，接受率须达到95％以上。补虫时可在未接受的台基内点一点鲜蜂王浆再移虫。

6. 收框　移虫62～72小时，在13：00—15：00提取采浆框（图211），捏住浆框一端框耳轻轻抖动，把上面的蜜蜂抖落于原处，用清洁的蜂刷拂落余蜂。提出的浆框放在周转箱内，或卸下的王台条集中在桶中，上覆干净的湿纱布或毛巾，等待捡虫和挖浆。

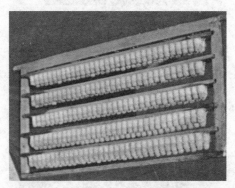

图211　提取浆框，清除蜜蜂
（龚一飞 摄）

收框时观察王台接受率、王台颜色和蜂王浆是否丰盈，如果王台内蜂王浆充足，可再加1条台基，反之，可减去1条台基。同时在箱盖上做上记号，如写上"6条""10条"等字样，在下浆框时不致失误。

7. 削平房壁 用喷雾器从上框梁斜向下对王台喷洒少许冷水（勿对王台口），用割蜜刀削去王台顶端加高的房壁，或者顺塑料台基口割除加高部分的房壁，留下长约10毫米有幼虫和蜂王浆的基部（图212），勿割破幼虫。捡虫：削平王台后，立即用镊子夹住幼虫的上部表皮，将其拉出，放入容器（图213），注意不要夹破幼虫，也不要漏捡幼虫。

图212 割除加高的房壁

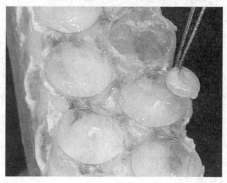

图213 捡 虫

捡虫、
割台壁

199

8. 挖浆　用挖浆铲顺房壁插入台底，稍旋转后提起，把蜂王浆刮带出台，然后刮入蜂王浆瓶（壶）内（瓶口可系 1 条线，利于刮落），并重复一遍刮尽（图 214）。

图 214　挖　浆

至此，生产蜂王浆的一个流程完成，历时 2～3 天，但蜂王浆的生产由前一批结束开始第二批的生产，取浆后尽可能快地把幼虫移入刚挖过浆还未干燥的前批台基内，前批不被接受的蜡碗割去，在此位置补 1 个已接受的老蜡碗。如人员富足，应分批提浆框→分批取王浆→分批移幼虫→随时下浆框，循环生产。

（三）蜂群管理

包括组织生产群和供虫群、管理生产群等。

1. 组织生产群

（1）大群产浆　春季提早繁殖，群势平箱达到 9～10 框，工蜂满出箱外，蜂多于脾时，即加上继箱，巢、继箱之间加隔王板，巢箱繁殖，继箱生产。选产卵力旺盛的新王导入产浆群，维持强群群势 11～13 脾蜂，使之长期稳定在 8～10 张子脾，2 张蜜脾，1 张专供补饲的花粉脾（大流蜜后群内花粉缺乏时须迅速补足），巢脾布置巢箱为 7 脾，继箱 4～6 脾。这种组织生产群的方式适宜小转地、定地饲养。春季油菜大流蜜期用 10 条 33 孔大型台基条取浆，夏秋季用 6～8 条台基条取浆。

（2）小群产浆　平箱群蜂箱中间用立式隔王板隔开，分为产卵区和产浆区，2区各4脾，产卵区用1块隔板，产浆区不用隔板。浆框放产浆区中间，两边各2脾。流蜜期，产浆区全用蜜脾，产卵区放4张脾供产卵；无蜜期，蜂王在产浆区和产卵区10天一换，这样8框全是子脾。

2. 大蜂场组织供虫群

（1）选择虫龄　主要蜜源花期，选移15～20小时的幼虫；在蜜、粉源缺乏时期则选移1日龄的幼虫，同一浆框移的虫龄大小一定要均匀。

（2）虫群数量　早春将双王群繁殖成强群后，拆除部分双王群，组织双王小群——供虫群。供虫群占产浆群数量的12%，例如，一个有产浆群100群的蜂场，可组织双王群12箱，共24只蜂王产卵，分成A、B、C、D 4组，每组3群，每天确保6脾适龄幼虫供移虫专用。

（3）组织方法　在组织供虫群时，双王各提入1框大面积正出房子脾放在闸板两侧，出房蜜蜂维持群势。A、B、C、D 4组分4天依次加脾，每组有6只蜂王产卵，就分别加6框老空脾，老脾色深、房底圆，便于快速移虫。

（4）调用虫脾　向供虫群加脾供蜂王产卵和提出幼虫脾供移虫的间隔时间为4天，4组供虫群循环加脾和供虫，加脾和用脾顺序见表14。

表14　专用供虫群加脾和用脾顺序（天）

组号	加空脾供产卵	提出移虫	加空脾供产卵	调出备用	提出移虫	加空脾供产卵	调出备用
A	1_{P1}	5_{P1}	5_{P2}	6_{P1}	9_{P2}	9_{P3}	10_{P2}
B	2_{P1}	6_{P1}	6_{P2}	7_{P1}	10_{P2}	10_{P3}	11_{P2}
C	3_{P1}	7_{P1}	7_{P2}	8_{P1}	11_{P2}	11_{P3}	12_{P2}
D	4_{P1}	8_{P1}	8_{P2}	9_{P1}	12_{P2}	12_{P3}	13_{P2}

注：P1、P2……分别为第一次加的脾、第二次加的脾……

移虫后的巢脾返还蜂群，待第二天调出作为备用虫脾。移虫结束，若巢脾充足，备用虫脾即调到大群，否则，用水冲洗大小幼虫及卵，重新作为空脾使用。

春季气温较低时空脾应在提出虫脾的当天 17：00 加入，夏天气温较高时空脾应在次日 7：00 加入。若是冷脾，应在还虫脾的当天加在隔板外让工蜂整理一夜，到次日 7：00 移到隔板里边第二框位置，也就是中间位置让蜂王产卵。

（5）维持群势　长期使用供虫群，按期调入子脾，撤出空脾。专业生产蜂王浆的养蜂场，应组织大群数 10% 的交配群，既培育蜂王又可与大群进行子、蜂双向调节，不换王时用交配群中的卵或幼虫脾不断调入大群哺养，快速发展大群群势。

3. 小蜂场组织供虫群　选择双王群，将一侧蜂王和适宜产卵的黄褐色巢脾（育过几代虫的）一同放入蜂王产卵控制器，蜂王被控制在空脾上产卵 2～3 天，第 4 天后即可取用适龄幼虫，并同时补加空脾，一段时间后，被控的蜂王与另一侧的蜂王轮流产适龄幼虫。

4. 管理生产群

（1）双王繁殖，单王产浆　秋末用同龄蜂王组成双王群，繁殖适龄健康的越冬蜂，为来年快速春繁打好基础。双王春繁的速度比单王快，加上继箱后采用单王群生产。

（2）换王选王，保持产量　蜂王年年更新，新王导入大群，50～60 天后鉴定其蜂王浆生产能力，将产量低的蜂王迅速淘汰再换上新王。保持蜂多于脾。

（3）调整子脾，大群产浆　春秋季节气温较低时提 2 框新封盖子脾保护浆框，夏天气温高时提上 1 框脾即可。10 天左右子脾出房后再从巢箱调上新封盖子脾，出房脾返还巢箱以供产卵。

（4）保持蜜、粉充足　在主要蜜粉源花期，养蜂场应抓住时机大量繁蜂。无天然蜜粉源时期，群内缺粉少糖，要及时补足，最好喂天然花粉，也可用黄豆粉配制粉脾饲喂。黄豆粉、蜂蜜、蔗糖按 10：6：3 重量配制。先将黄豆炒至九成熟，用 0.5 毫米筛的磨粉机磨粉，按上述比例先加蜂蜜拌匀，将湿粉从孔径 3 毫米的筛上通过，形如花粉粒，再加蔗糖粉（1 毫米筛的磨粉机磨成粉）充分拌匀灌脾，灌满巢房后用蜂蜜淋透，以便工蜂加工捣实，不变质。粉脾放置在紧邻浆框的一侧，这样，浆框一侧为新封盖子脾，另一侧为粉脾，5～7天重新灌粉1次。在蜂稀不适宜加脾时，也可将花粉饼（按上述比例配制，捏成团）放在框梁上饲喂。群内缺糖时，应在夜间用糖浆奖饲，确保哺育蜂的营养供给。

定地和小转地的蜂场，在产浆群贮蜜充足的情况下，做到糖浆"两头喂"，即浆框插下去当晚喂1次，以提高王台接受率；取浆的前一晚喂1次，以提高蜂王浆产量。大转地产浆蜂场要注意蜜不能摇得太空，转场时群内蜜要留足，以防到下个场地时天下雨或者不流蜜，造成蜂群拖子，蜂王浆产量大跌。

（5）控制蜂巢温、湿度　蜂巢中产浆区的适宜温度是35℃左右，相对湿度75%左右。气温高于35℃时，蜂箱应放在阴凉地方或在蜂箱上空架起凉棚，注意通风，必要时可在箱盖外浇水降温，最好是在副盖上放一块湿毛巾。

蜂蜜和王浆分开生产：生产蜂蜜时间宜在移虫后的次日进行，或上午取蜜、下午采浆。

（6）分批生产　备4批台基条，第四批台基条在第一批产浆群下浆框后的第三天上午用来移虫，下午抽出第一批浆框时，立即将第四批移好虫的浆框插入，达到连续产浆。第一批浆框可在当天下午或傍晚取浆，也可在第二天早上取浆，取浆后上午移好虫，下午把第二批浆框抽出时，立即把这第一批移好虫的浆框插入第二批产浆群中，如此循环，周而复始。

（四）贮藏方法

生产出的蜂王浆及时用60目或80目滤网，经过离心或加压过滤，按0.5千克、1千克和6千克分装入专用瓶或壶内并密封（图215），存放在−25～−15℃的冷库或冰柜中贮藏。蜂场不得在贮藏后或冷冻保存后过滤！

蜂场野外生产，应在篷内挖1米深的地窖临时保存，上盖湿毛

图215　内衬袋外套盒包装王浆

巾，并尽早交售。养蜂场或收购单位严禁在久放或冷藏（冻）后过滤，防止癸烯酸（10-HDA）的流失。

（五）优质高产措施

1. 高产措施

（1）选用良种　中蜂泌浆量少，黄色意蜂泌浆量多。选择蜂王浆高产和 10-HDA 含量高的种群，培育产浆蜂群的蜂王。引进王浆高产蜂种，然后进行育王，选育出适合本地区的蜂王浆高产品种。

（2）强群生产　产浆群应常年维持 12 框蜂以上的群势，巢箱 7 脾，继箱 5 脾，长期保持 7～8 框四方形子脾（巢箱 7 脾、继箱 1 脾）。

（3）下午取浆　下午取浆比上午取浆产量约高 20%。

（4）选择浆条　根据技术、蜂种和蜜源，选择圆柱形有色台基条（如黑色、蓝色、深绿色等），适时增加或减少王台数量，强群 1 框蜂放台数 8～10 个，12 框蜂用王台 100 个左右。外界蜜粉不足，蜂群群势弱，应减少放台数量，防止 10-HDA 含量的下降，王台数量与蜂王浆总产量呈正相关，而与每个王台的蜂王浆量和 10-HDA 含量呈负相关。

（5）延长产浆期、连续取浆　早春提前繁殖，使蜂群及早投入生产。在蜜源丰富季节抓紧生产，在有辅助蜜源的情况下坚持生产，在蜜源缺乏但天气允许的情况下，视投入产出比，如果有利，喂蜜喂粉不间断生产，喂蜜喂粉要充足。

（6）虫龄适中、虫数充足　利用副群或双王群，建立供虫群，适时培育适龄幼虫。48 小时取浆，移 2 日龄的幼虫；62 小时取浆，移 1.5 日龄的幼虫；72 小时取浆，移 1 日龄内的幼虫。适时取浆，有助于防止蜂王浆老化或水分过大。

2. 优质措施

（1）饲料充足　选择蜜粉丰富、优良的蜜源场地放蜂，蜜粉缺乏季节，浆框放幼虫脾和蜜粉脾之间，在放入浆框的当晚和取浆的前一天傍晚奖励饲喂，保持蜂王浆生产群的饲料充足。对蜂群进行奖励时禁用添加剂饲料，以免影响蜂王浆的色泽和品质。加强管理、防暑降温，外界气温较高时浆框可放边二脾的位置，较低时应放中间位置。

（2）**蜂群健康**　生产蜂群须健康无病，整个生产期和生产前1个月不用抗生素等药物杀虫治病。

（3）**防止污染**　捡虫时要捡净，割破的幼虫，要把该台的蜂王浆移出另存或舍弃。

（4）**保证卫生**　严格遵守生产操作规程，生产场所要清洁，空气流通，所有生产用具应用75％的酒精消毒，生产人员身体健康，注意个人卫生，工作时戴口罩，着工作服、帽。取浆时不得将挖浆工具和移虫针插入其他物品中，盛浆容器务必消毒、洗净和晾干，整个生产过程尽可能在室内进行，禁止无关的物品与蜂王浆接触。

二、计数蜂王浆的生产

计数蜂王浆有王台蜂王浆和有虫蜂王浆2种，在销售、保存和使用时，均以1个王台为基本单位。王台蜂王浆是将装满蜂王浆的王台从蜂群提出，捡净幼虫，立即消毒、装盒贮存。有虫蜂王浆是从蜂群中取出王台，连幼虫带王台，经消毒处理后装盒冷冻保存。

计数蜂王浆的生产方法与计量蜂王浆的采集类似。

（一）蜂群的组织管理

用隔王板把生产群的蜂巢隔为生产区和繁殖区，产浆区将小幼虫脾放中间，粉脾放两侧，往外是新封盖蛹脾和蜜脾，浆框插在幼虫脾和粉蜜脾之间。生产一段时间后，蜜蜂形成条件反射，就可以不提小虫脾放继箱，巢脾的排列则为蜜粉脾在两边，浆框两侧放新封盖蛹脾，每6天（2个产浆期）调整1次蜂群，在生产期，浆框两侧不少于1张封盖蛹脾。保持蜂多于脾，饲料充足，视群势强弱增减王台数量。

（二）操作方法

1. 组装王台绑浆框　将单个王台推进王台条座的卡槽内，12个王台组成1个王台条，浆框的每一个框梁上捆绑2条王台条，再把每条王台条用橡皮圈固定在浆框的框梁上（图216）。根据王台条的长短，在浆框木梁两端及中间各钉1个小钉，钉头距木框3毫米，用橡皮圈绕木梁一周后捆住王台条，然后挂在小钉 3 毫米的钉头上。

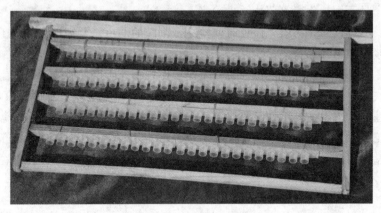

图 216　计数蜂王浆框
（孙士尧 摄）

2. 插浆框诱蜂泌浆　将移好虫的浆框及时插入产浆群，初次插框产浆时，首先要提前 1~2 小时将产浆群中的虫脾和蜜粉脾移位，使之相距 30 毫米，插框时徐徐放下，不扰乱蜂群的正常秩序。在插浆框的同时插入待修王台的浆框。一般情况下，蜂群达到 8~9 框蜂的可插入有 72 个王台的浆框；达到 12 框蜂的可插入有 96 个王台的浆框；达到 14 框蜂以上的可插入有 144 个王台的浆框，或隔日错开再插入 96 个王台的浆框，保持一个大群有 2 个浆框。但在蜜源、蜂群不太好的情况下，即使插入 1 个浆框也要酌情减少王台数量，首先减去上面的 1 条，后减下面的 1 条，留中间 2 条，这样王台条刚好在蜂多的位置，以便工蜂泌浆育虫和保温。

3. 及时补虫或换台　补虫方法同计量蜂王浆的生产。此外，还可把已接受幼虫的王台集中一框继续生产，未接受幼虫的王台重新组框移虫再生产。

4. 收浆装盒　收取时间一般在移虫后 2.5~3 天，边收浆框边在原位置放进移好虫的浆框，或把前一天放入的浆框移到该位置，并加入待修台的浆框，以节约时间，并减少开箱次数。将附着在浆框上的蜜蜂轻轻抖落在蜂箱内，再用清洁的蜂扫拂去余蜂，或用吹风机吹落蜜蜂，勿将异物吹进王台中。

从浆框梁上解开橡皮圈，卸下王台条，用镊子小心捡拾幼虫，注意不能使王台口变形，一旦变形要修整如初，否则，应与不足0.5克的王台一同换掉，使整条王台内的蜂王浆一致，上口高度和色泽一样，另外还要注意蜂王浆状态不被破坏。

取出的王台蜂王浆经清污消毒后，将王台条推进王台盒底的插座内，放2支取浆勺，盖上盒盖，置于专用泡沫箱内，送冷库冷冻存放（图217）。

图217　计数蜂王浆后打包装盒（示：底座和台基）

（孙士尧 摄）

（三）优质高产措施

1. 提高产量的措施　选育王浆高产蜂种，保持食物充足，坚持调脾连产。每6～7天从巢箱内或其他蜂群中，给产浆区调入幼虫脾或新封盖子脾，促使更多哺育蜂在此处集结泌浆育虫。

2. 提高质量的办法　每个王台内蜂王浆含量不少于0.5克；王台口蜡质洁白或微黄，高低一致，无变形、无损坏；王台内的幼虫要求取出的，应全部捡净，并保持蜂王浆状态不变。浆框提出蜂箱后，取虫、清污、消毒、装盒和速冻以最快的速度进行，忌高温和暴露时间过长。盒子透明，不能磨损和碰撞，盒与盒之间由瓦楞纸相隔，采用泡沫箱包装。

■ 专题三　　蜂花粉的收集 ■

一、生产蜂花粉

蜜蜂采集植物的花粉，并在后足花粉篮中堆积成团带回蜂巢（图218），在通过巢门设置的脱粉孔时其后足携带的两团花粉就被截留下来，待接粉盒积累到一定数量蜂花粉后，集中收集晾（烘）干。

图218　蜂花粉的采集
（朱志强 摄）

（一）工艺流程

蜂花粉的生产流程见图219。

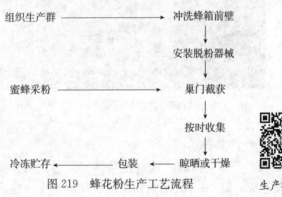

图219　蜂花粉生产工艺流程

生产蜂花粉

（二）操作方法

1. 生产工具　10框以下的蜂群选用二排的脱粉器，10框以上的蜂群选用三排及以上的脱粉器。西方蜜蜂一般选用4.8～4.9毫米孔径的脱粉器，4.6～4.7毫米孔径的适用于中蜂脱粉。山西省大同地区的油菜花期、内蒙古的葵花期、驻马店的芝麻花期和南方茶叶花期使用4.8毫米、4.9毫米的脱粉器；4.9毫米孔径的适用于低温、高湿和花粉团大的蜜粉源花期生产蜂花粉，如四川的蚕豆和板栗花期。

2. 生产时间　一个花期，应从蜂群进粉略有盈余时开始脱粉，而在大流蜜开始时结束，或改脱粉为抽粉脾。一天当中，一般应在7：00—14：00。在一个花期内，如果蜜、浆、粉兼收，脱粉应在9：00以前进行，下午生产蜂王浆，两者之间生产蜂蜜。当主要蜜源大流蜜开始，要取下脱粉器，集中力量生产蜂蜜。山西省大同的油菜花期、太行山区的野皂荚蜜源在7：00—14：00脱粉，有些蜜源花期可全天脱粉（在湿度大、粉足、流蜜差的情况下），有些只能在较短时间内脱粉，如玉米和莲花粉，只有在7：00—10：00才能生产到较多的花粉。

3. 安装脱粉器　先把蜂箱垫成前低后高，取下巢门档，清理、冲洗巢门及其周围的箱壁（板）；然后，把脱粉器紧靠蜂箱前壁巢门放置，堵住蜜蜂通往巢外除脱粉孔以外的所有空隙，并与箱底垂直（图220）；最后，在脱粉器下安置簸箕形塑料集粉盒（或以覆布代替），脱下的花粉团自动滚落盒内，积累到一定量时，及时倒出。

图220　巢门脱粉

4. 晾晒　在无毒干净的塑料布或竹席上，花粉要均匀摊开，厚度约10毫米为宜，并在蜂花粉上覆盖一层绵纱布（图221）。晾晒初期少翻动，如有疙瘩时，2小时后用薄木片轻轻拨开。尽可能一次晾干，干的程度以手握一把花粉听到"唰唰"的响声为宜。若当天晾不干，应装入无毒塑料袋内，第二天继续晾晒或做其他干燥处理。对莲花粉，3小时左右须晾干。不得在沥青、油布（毡）上晾晒花粉，以免变黑或沾染毒物。

图221　晾晒蜂花粉

干燥在恒温干燥箱中进行，其方法是：把花粉放在干燥箱托盘的衬纸上或托盘的棉纱布上，接通电源，调节温度至45℃，8小时左右即可收取保存。

（三）蜂群管理

1. 组织脱粉蜂群，优化群势　在粉源丰富的季节，有5脾蜂的蜂群就可以投入生产，单王群8～9框蜂生产蜂花粉较适宜，双王群脱粉产量高而稳。在生产花粉15天前或进入粉源场地后，有计划地从强群中抽出部分带幼蜂的封盖子脾补助弱群，使之在粉源植物开花时达到8～9框的群势，或组成10～12框蜂的双王群，增加生产群数。

2. 蜂王管理　使用良种，新王生产，在生产过程中不换王、不治螨、不介绍王台，这些工作要在脱粉前完成。同时要少检查、少惊动。

3. 选择巢门方向　春季巢门向南，夏、秋季巢门面向东北方向，巢口不对着风口，避免阳光直射。

4. 加强繁殖，协调发展 在花粉开始生产前45天至花期结束前30天有计划地培育适龄采集蜂，做到蜂群中卵、虫、蛹、蜂的比例正常，幼虫发育良好。

5. 蜂数足 群势平箱8～9框，继箱12框左右，蜂和脾的比例相当或蜂略多于脾。

6. 饲料够 蜂巢内花粉够吃不节余，或保持花粉略多于消耗。在生产初期，将蜂群内多余的粉脾抽出妥善保存；在流蜜较好进行蜂蜜生产时，应有计划地分批分次取蜜，给蜂群留足糖饲料，以利蜂群繁殖。

无蜜源时先喂好底糖（饲料），有蜜采进但不够当日用时，每天晚上喂，达到第二天糖蜜的消耗量，以促进繁殖和使更多的蜜蜂投入到采粉工作中去，特别是干旱天气更应每晚饲喂。

7. 防止热伤和偏集 脱粉过程中若发现蜜蜂爬在蜂箱前壁不进巢、怠工，巢门堵塞，应及时揭开覆布、掀起大盖或暂时拿掉脱粉器，以利通风透气，积极降温，查明原因及时解决。气温在34℃以上时应停止脱粉。

若对全场蜂群同时脱粉，同一排的蜂箱应同时安装或取下脱粉器，防止蜜蜂钻进别箱（图222）。

图222 同一排蜂同时装脱粉器

(四) 贮藏方法

干燥后的花粉用双层无毒塑料袋密封后外套编织袋包装, 每袋40千克, 密封, 交售前不得反复晾晒和倒腾。莲花粉须在塑料桶、箱中保存, 内加塑料袋。此外, 工厂或公司可用铝箔复合袋抽气充氮包装。在通风、干燥和阴凉的地方暂时贮存, 在-5℃以下的库房中可长期存放, 并做好上述工作。

(五) 优质高产措施

1. 提高产量的措施　除上述蜂群管理和蜂具选择外, 提高花粉的产量, 还需注意以下问题。

(1) 连续脱粉, 雨后及时脱粉。

(2) 优良、足够的粉源植物　一群蜂应有油菜 $2\,000\sim2\,667$ 米^2、玉米 $3\,333\sim4\,000$ 米^2、向日葵 $3\,333\sim4\,000$ 米^2、荞麦 $2\,000\sim2\,667$ 米^2 供采集, 五味子、杏树花、莲藕花、茶叶花、芝麻花、栾树花、葎草花、虞美人、党参花、西瓜花、板栗花、野菊花和野皂荚等蜜源花期, 都可以生产蜂花粉。

2. 提高质量的办法

(1) 防止污染和毒害　生产蜂花粉的场地要求植被丰富, 空气清新, 无飞沙与扬尘; 周边环境卫生, 无苍蝇等飞虫; 远离化工厂、粉尘厂; 避开有毒有害蜜源。

(2) 生产蜂群健康　不用病群生产, 生产前冲刷箱壁, 脱粉中不治螨, 不使用升华硫。若粉源植物施药或刮风天气, 应停止生产。

(3) 防止飞虫光顾　晾晒花粉须罩纱网或覆盖纱布。

(4) 防止混杂和破碎　集粉盒面积要大, 当盒内积有一定量的花粉时要及时倒出晾干, 以免压成饼状。

采杂粉多的时间段内和采杂粉多的蜂群, 所生产的花粉要与纯度高的花粉分批收集, 分开晾晒, 互不混合 (图 223、图 224)。

图 223 茶叶花花粉 图 224 五味子花粉

二、蜂粮的获得

　　蜂粮是蜜蜂采集植物的花粉粒加入口腺的分泌物和蜂蜜，贮藏在巢房中，夯实，并在微生物的作用下，经一系列生物化学变化而成（图 225）。蜂粮的质量稳定，口感好，卫生指标高于蜂花粉，营养价值优于同种粉源的蜂花粉，易被人体消化吸收，而且不会引起花粉过敏。

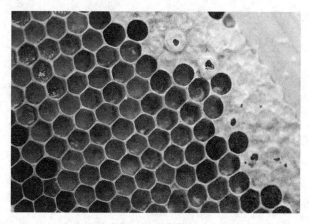

图 225 红色蜂粮

（一）生产工具

蜂粮脾，有可拆卸和组装的蜂粮专用塑料巢脾（图 226），其产品是颗粒状的蜂粮；还有由纯净的蜜盖蜡轧制的巢础、无础线筑造的蜂粮专用蜡质巢脾，其产品是切割成块状。另外，还可参照生产盒装巢蜜的方法，用巢蜜盒生产蜂粮。

图 226　分合式巢房组成蜂粮专用巢脾
（张少斌 摄）

蜂粮专用蜡质巢脾造好后要让蜂王产上卵育 2～3 代虫，然后再用于蜂粮生产。

（二）工艺流程

蜂粮生产的工艺流程见图 227。

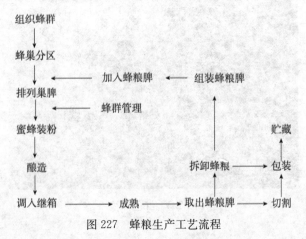

图 227　蜂粮生产工艺流程

（三）操作方法

1. 单王群生产蜂粮　用三框隔王栅和框式隔王板把蜂巢分成产卵区、哺育区和生产区三部分，依次排列巢脾（图 228）。然后加入蜂粮生产脾，约 1 周，视贮粉多少，及时提到继箱，等待成熟，当有部分蜂粮巢房封盖，即取出等待后继工序，原位置再放蜂粮生产脾 1 张，并把 3 区巢脾调整如初。

2. 双王群生产蜂粮　用框式隔王板把巢箱隔成三部分，若三部分相等，中间区的中央放无空巢房的虫脾或卵脾，其两侧放蜂粮生产脾；若中间区有两个脾的空间，则放两张蜂粮脾（图 229）。继箱与巢箱之间加平面隔王板，继箱中放子脾、蜜脾和浆框。当巢房贮满蜂粮后及时提到继箱使之成熟，有部分蜂粮封盖后取出。

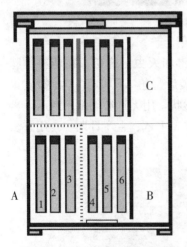

图 228　单王群生产蜂粮的蜂巢
A. 产卵区　B. 生产区　C. 哺育区
　1. 封盖子脾　2. 大幼虫脾
　3. 正出房子脾或空脾　4. 蜂粮脾
　5. 大幼虫脾　6. 装满蜂蜜脾

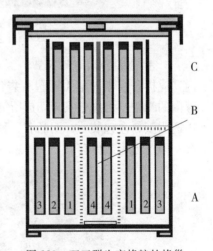

图 229　双王群生产蜂粮的蜂巢
A. 产卵区　B. 生产区　C. 哺育区
　1. 新封盖子脾　2. 大幼虫脾
　3. 空脾或正出房子脾　4. 蜂粮脾

3. 蜂粮脾的消毒和灭虫　抽出的蜂粮脾（图 230）用 75% 的酒精喷雾消毒及用无毒塑料袋密封后，放在 $-18℃$ 冷冻 48 小时，或用磷化铝熏蒸杀死寄生其上的害虫。蜂粮脾经消毒、灭虫后即可放在通风、阴凉、干燥处保存。保存期间要防鼠害,防害虫的再次寄生,防污染和变质。

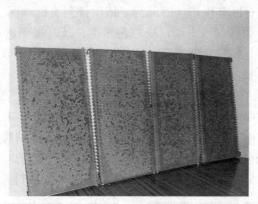

图230　蜂粮巢脾
(张少斌 摄)

4. 蜂粮脾的切割和拆卸　经消毒和灭虫的蜂粮,在塑料巢脾内,应拆开收集,用无毒塑料袋包装后待售(图231)。在蜡质巢脾内的蜂粮,可用模具刀切成所需形状,用无毒玻璃纸密封后,再用透明塑料盒包装,标明品名、种类、重量、生产日期、食用方法等,即可出售或保存。

图231　蜂　粮
(张少斌 摄)

（四）蜂群管理

生产蜂粮的蜂群，其管理措施与生产花粉的蜂群相似，其特殊要求如下：

1. 新王、预防分蜂热 新王、无病和无分蜂热的王浆高产蜂群适合生产蜂粮。

2. 调整蜂粮脾位置 及时把装满花粉的蜂粮脾调到边脾或继箱的位置，让蜜蜂继续酿造，当有一部分巢房封盖即表示成熟，及时抽出。在原位置再放置蜂粮生产脾，以供贮粉，继续生产。

3. 提供产卵用巢脾 在产卵区，适时将产满卵的子脾调到蜂粮脾外侧，傍晚调入正出房的封盖子脾。

■ 专题四　　蜂胶的积累 ■

蜂胶（图232）来源于植物（图233、图234），是工蜂从植物幼芽和树干破伤处采集树脂，混入上颚腺分泌物等加工而成的一种具有芳香气味的固体。蜜蜂在气温较高的夏秋季节采集，西方蜜蜂采胶，东方蜜蜂不采，高加索蜂采胶能力强。

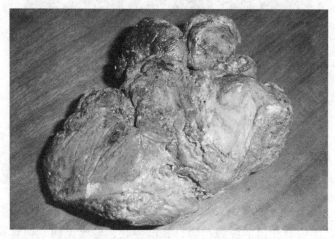

图232　采收后聚积成块的优质蜂胶

图 233　蜂胶的来源——杨树芽分泌的胶液

图 234　蜜蜂采集杨树芽胶
（房柱 提供）

　　专门生产蜂胶要求外界最低气温为 15℃ 以上，蜂场周围 2.5 千米范围内有充足的胶源植物；蜂群强壮、健康无病、饲料充足。蜜蜂在蜂巢缝隙处贮存蜂胶（图 235）。

图 235　蜜蜂堆积在框耳、箱沿和纱盖上的蜂胶

一、工艺流程

专门生产蜂胶，采用尼龙纱网和竹丝副盖式聚积蜂胶器，生产工艺流程见图 236。

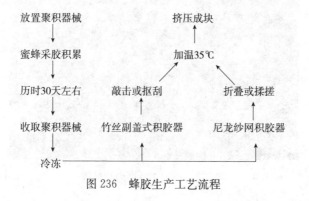

图 236　蜂胶生产工艺流程

二、操作方法

1. 放置聚胶器械 用尼龙纱网取胶时，在框梁上放 3 毫米厚的竹木条，把 40 目左右的尼龙纱网放在上面，再盖上盖布。检查蜂群时，打开箱盖，揭下覆布，然后盖上，再连同尼龙纱网一起揭掉，蜂群检查完毕再盖上（图 237、图 238）。

图 237　尼龙纱网取胶

图 238　用尼龙纱网聚积蜂胶

　　用竹丝副盖式取胶时，将其代替副盖使用即可，上盖覆布。在炎热天气，把覆布两头折叠 5～10 厘米，以利通气和积累蜂胶，转地时取下覆布，落场时盖上，并经常从箱口、框耳等积胶多的地方刮取蜂胶粘在集胶栅上（图 239）。不颠倒使用副盖集胶器。

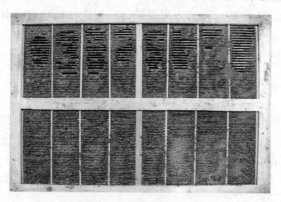

图 239　竹丝副盖生产蜂胶

　　2. 采收保存蜂胶　利用聚积蜂胶器械生产蜂胶，待蜂胶积累到一定数量时（一般历时 30 天）即可采收。从蜂箱中取出尼龙纱网或竹丝副盖式集胶器，放冰箱冷冻后，用木棒敲击或挤压或折叠揉搓，使蜂胶与器械脱离。取副盖集胶器上的蜂胶，还可使用不锈钢或竹质取胶叉顺竹丝剔刮，取胶速度快，蜂胶自然分离（图 240）。

图 240　竹丝副盖生产蜂胶的方法——刮胶

在日常管理蜂群时，可直接用起刮刀铲下巢、继箱口边缘、隔王板等处的蜂胶。

三、蜂群管理

依据其他计划、养殖方式等进行，每次开箱检查蜂群，将覆布与纱网或取胶器分离，结束后按原样放好；如果一头胶多另一头胶少，则将纱网或取胶器两头对调即可。

四、贮藏方法

采收的蜂胶及时装入无毒塑料袋中，1 千克为一个包装，于阴凉、干燥、避光和通风处密封保存，并及早交售。一个蜜源花期的蜂胶存放在一起，勿使混杂。袋上应标明胶源植物、时间、地点和采集人。一般是当年的蜂胶质量较好（图 241），1 年后蜂胶颜色加深、品质下降。

图 241 质量好的蜂胶

五、质量控制

在胶源植物优质丰富或蜜、胶源都丰富的地方放蜂，利用副盖式采胶器和尼龙纱网连续积累，采用双层或三层尼龙纱网采胶，都会提高蜂胶产量。

在生产前要对工具清洗消毒，刮除箱内的蜂胶；生产期间，不得用水剂、粉剂和升华硫等药物对蜂群进行杀虫灭菌；缩短生产周期，生产出的蜂胶及时清除蜡瘤、木屑、棉纱纤维、死蜂肢体等杂质，不与金属接触。不同时间、不同方法生产的蜂胶分别包装存放，包装袋要无毒并扎紧密封，标明生产起始日期、地点、胶源植物、蜂种、重量和生产方法等，严禁对蜂胶加热过滤和掺杂使假。

■ 专题五　　蜂毒的采集 ■

蜂毒是工蜂毒腺及其副腺分泌出的具有芳香气味的一种透明毒液，贮存在毒囊中，蜜蜂受到刺激时由螫针排出（图242）。1只工蜂1次排毒量约含干蜂毒0.085毫克，毒液排出后不能再补充。电取蜂毒，每群每次有2 000～2 500只蜜蜂排毒，可得到干蜂毒0.15～0.22克。雄蜂无螫刺和毒腺，不能产生蜂毒；蜂王的毒液约是工蜂的3倍，但只在两王拼斗时蜂王才伸出螫针射毒，又因其量少，而无实际生产价值。

图242　工蜂受到刺激排出的毒液

目前，采取电取蜂毒，在生产过程中，有利于保护蜜蜂，但不能防止副腺产生的乙酸乙戊酯等13种挥发性物质的损失，液体蜂毒在常温下很快会干燥成骨胶状的透明晶体，干蜂毒只相当于原液重量的 30%～40%。

一、电取蜂毒的工艺流程

电取蜂毒工艺流见图 243。

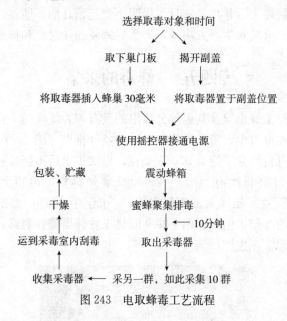

图 243　电取蜂毒工艺流程

二、电取蜂毒的操作方法

1. 安置取毒器　取下巢门板，将取毒器从巢门口插入箱内 30 毫米（图 244）或安放在副盖（应先揭去副盖、覆布等物）的位置上（图 245）。

2. 刺激蜜蜂排毒　按下遥控器开关，接通电源对电网供电，调节电流大小，给蜜蜂适当的电击强度，并稍震动蜂箱。当蜜蜂停留在电网上受到电流刺激，其螫刺便刺穿塑料布或尼龙纱排毒于玻璃上，随着蜜蜂的叫声和螫刺散发的气味，蜜蜂向电网聚集排毒。

3. 停止取毒　每群蜂取毒 10 分钟，停止对电网供电，待电网

图 244　巢门取毒

（缪晓青 摄）

图 245　副盖式取毒方法

（周传鹏 摄）

上的蜜蜂离散后，把取毒器移至其他蜂群继续取毒，按下取毒复位开关，即可向电网重新供电，如此采集 10 群蜜蜂，关闭电源，抽出集毒板。

4. 刮集蜂毒　将抽出的集毒板置阴凉的地方风干，用牛角片或不锈钢刀片刮下玻璃板或薄膜上的蜂毒晶体（图 246、图 247），即得粗蜂毒（图 248）。

蜂毒的气味，对人体呼吸道有强烈刺激性，蜂毒还能作用于皮肤，因此，刮毒人员应戴上口罩和乳胶手套，以防意外。

图 246　蜂毒晶体
（周传鹏 摄）

图 247　刮取蜂毒
（周传鹏 摄）

图 248　粗蜂毒
（周传鹏 摄）

三、蜂群管理

1. 蜂群要求 生产蜂毒，要求有较强的蜂群，青壮年蜂多，蜂巢内食物充足。

2. 取毒时间 电取蜂毒一般在蜜源大流蜜结束时进行，选择温度 15℃以上的无风或微风的晴天，傍晚或晚上取毒，每群蜜蜂取毒间隔时间 15 天左右。专门生产蜂毒的蜂场，可 3～5 天取毒 1 次。

3. 定期连续取毒，可提高产量 周冰峰等报道，在春季，每隔 3 天取毒 1 次，连续取毒 10 次，对蜂蜜和蜂王浆的生产影响都比较大。蜜蜂排毒后，抗逆力下降，寿命缩短。

四、贮藏方法

取下蜂毒后，使用硅胶将其干燥至恒重后，再放入棕色小玻璃瓶中密封保存，或置于无毒塑料袋中密封，外套牛皮纸袋，置于阴凉干燥处贮藏（图 249）。

图 249 蜂毒包装
（周传鹏 摄）

硅胶干燥蜂毒的方法是：在干燥器内放入干燥的硅胶，然后将装有蜂毒的大口容器置于干燥器中，密封干燥器，经过 2～3 天时间，蜂毒就会得到充分干燥。

五、质量控制

取毒前，工具清洗干净，消毒彻底。工作人员注意个人卫生和劳动防护，生产场地洁净，空气清新；蜂群健康无病。选用不锈钢丝作电极的取毒器生产蜂毒，防止金属污染；傍晚或晚上取毒，不用喷烟的方法防蜂蜇，以防蜜水污染；刮下的蜂毒应干燥以防变质。

六、预防蜂蜇

选择人、畜来往少的蜂场取毒，操作人员应戴好蜂帽、穿好防蜇衣服，不抽烟，不使用喷烟器开箱；隔群分批取毒，一群蜂取完毒，让它安静10分钟再取走取毒器。蜂群取毒后应休息几日，使蜜蜂受电击造成的损伤恢复。

■ 专题六   蜂蜡的榨取 ■

蜂蜡是养蜂生产的传统副产品，由8～18日龄工蜂以蜂蜜为原料，经过腹部的4对蜡腺转化而来的，蜜蜂用它筑造蜂巢。每2万只蜜蜂一生中能分泌1千克蜂蜡，一个强群在夏秋两季可分泌蜂蜡5～7.5千克。在养蜂生产中，每群意蜂每年可生产蜂蜡750克左右。

在养蜂场，把蜜蜂分泌蜡液筑造的巢脾，利用加热的方法使之熔化，再通过压榨、上浮或离心等程序，使蜡液和杂质分离，蜡液冷却凝固后，再重新熔化浇模成型，即成固体蜂蜡。蜜蜂蜡腺分泌的蜡液是白色的，但由于花粉、育虫等原因，蜂蜡的颜色有乳白、鲜黄、黄、棕、褐几种颜色。

在工厂里，将从蜂场收集到的蜂蜡，重新加热、板框过滤，制成蜡板或子蜡，即可成为工业品的原料。

一、榨取蜂蜡的工艺流程

榨取蜂蜡工艺流程见图 250。

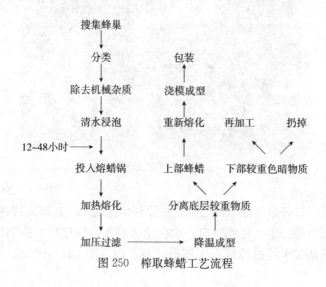

图 250　榨取蜂蜡工艺流程

二、榨取蜂蜡的操作方法

1. 搜集原料　饲养强群，多造新脾，淘汰旧脾；大流蜜期，加宽蜂路，让蜜蜂加高巢房，做到蜜、蜡兼收。平时搜集野生蜂巢、巢穴中的赘脾和加高的王台房壁等（图 251）。

2. 分类　对所获原料进行分级，并捡拾机械杂质。赘脾、野生蜂巢、蜜房盖和加高的王台壁为一类原料，旧脾为二类原料，其他诸如蜡瘤和病脾等为三类原料。分类后，先提取一类蜡，按序提取，不得混杂。

3. 清水浸泡　熔化前将蜂蜡原料用清水浸泡 2 天，提取时可除掉部分杂质，并使蜂蜡色泽鲜艳。

4. 加热熔化　将蜂蜡原料置于熔蜡锅中（事先向锅中加适量的水），然后供热，使蜡熔化，熔化后保温 10 分钟左右。

图 251　人工饲养的蜜蜂所造的赘脾

5. 榨蜡

（1）杠杆热压法　将已熔化的原料蜡连同水一齐倒入特制的麻袋或尼龙纱袋中，扎紧袋口，放在热压板上，以杠杆的作用加压，使蜡液从袋中通过缝隙流入盛蜡的容器内（图 252），稍凉，撇去浮沫。

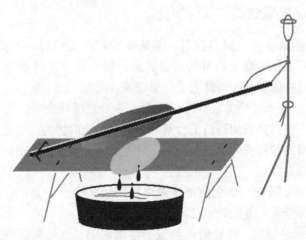

图 252　杠杆挤压出蜡液

在榨蜡过程中，蜂蜡原料要经几次加热、压榨，以提高出蜡率。加热蜂蜡时，要浸于水中加热，以免引起火灾与蜂蜡变色；加热蜡液不得长久沸腾。熔蜡容器宜用铝、镍、锡或不锈钢材质的器皿，不宜与铁、铜、锌等材质的器皿接触，以免蜂蜡色泽加深。提取蜂蜡，不得添加任何添加剂使蜂蜡色泽改变。

（2）螺旋杆榨蜡　先把下挤板置于榨蜡桶内，用热水预热桶身然后排出热水，内衬麻袋或尼龙袋，随即将煮烂的含蜡原料趁热倒入榨蜡桶中，再扎紧袋口，盖上上挤板。最后旋转螺旋杆对上挤板施压，蜡液受挤压溢出，经榨蜡桶底部的出蜡口导入盛蜡容器。榨蜡工作结束时，趁热清理蜡渣和各个部件。

（3）降温凝固　待蜡液凝固后即成毛蜡（图 253），用刀切削，将上部色浅的蜂蜡和下面色暗的物质分开。

图 253　初提纯的蜂蜡——毛蜡

（4）浇模成型　将已进行分离、色浅的蜂蜡重新加水熔化，再次过滤和撇开气泡，然后注入光滑而有倾斜镀边的模具，待蜡块完全凝固后反扣，卸下蜡板（图 254）。若使用的模具是木制的，浇模前应将其用水浸透。

对分离出的色暗的物质，亦做上述处理。

图 254　工厂生产的蜡板

三、贮藏方法

把蜂蜡进行分等分级，以 50 千克或按合同规定的重量为 1 个包装单位，用麻袋包装。麻袋上应标明时间、等级、净重、产地等。按不同品种、等级的蜂蜡，分别堆垛于枕木上，堆垛要整齐（图 255），每垛附账卡，注明日期、等级、数量。贮藏蜂蜡的仓库要求干燥、卫生、通风好，无农药、化肥等污染物。

图 255　蜡板的贮藏

■ 专题七　蜂子的获得 ■

一、蜂王幼虫的获得

蜜蜂是完全变态昆虫，其个体发育经过卵、虫、蛹和成虫4个阶段。蜂崽泛指蜜蜂幼虫和蛹，即我国古代所谓的"蜜蜂子"，主要生产蜂王幼虫和雄蜂的虫、蛹。

蜂王幼虫是生产蜂王浆的副产品，其采收过程是取浆工序中的捡虫环节，每生产1千克蜂王浆，可收获0.2～0.3千克蜂王幼虫（图256），每群意蜂每年生产蜂王幼虫可达到2千克左右。

图 256　蜂王幼虫

二、生产雄蜂蛹和虫

雄蜂幼虫则是蜂王产下无受精卵算起，生长发育到10天前后的虫体（图257）。雄蜂蛹是指蜂王产下无受精卵算起，生长发育在20～22天的虫体（图258）。每群意蜂每次每脾可获取雄蜂蛹0.6千克，全年可生产12千克左右。

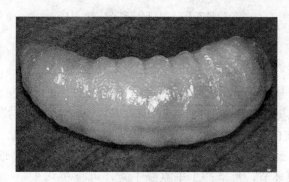

图 257　第 10 日龄的雄蜂幼虫

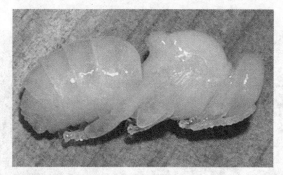

图 258　第 19 天前后的雄蜂蛹

（一）工艺流程

生产雄蜂蛹、虫的两个重要环节，一是取得日龄一致的雄蜂卵脾，二是把雄蜂卵培育成雄蜂蛹、虫。工艺流程见图 259。

（二）操作方法

1. 筑造雄蜂脾　用标准巢框横向拉线，再在上梁和下梁之间拉两道竖线，然后，将雄蜂巢础镶嵌进去，或用 3 个小巢框镶装好巢础，组合在标准巢框内，然后将其放入强群中修造，适当奖励饲喂，加快造脾，每个生产群配备 3 张雄蜂巢脾。

雄蜂脾要求整齐、牢固，在非生产季节，取出雄蜂巢脾，用磷化铝熏蒸后妥善保存。

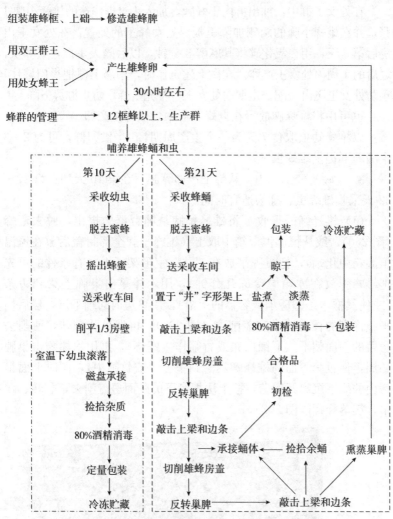

图 259　雄蜂幼虫和雄蜂蛹生产工艺流程

　　2. 获得雄蜂卵　在双王群中，将蜂王产卵控制器安放在巢箱内一侧的幼虫和封盖子脾之间，内置雄蜂脾，次日下午将蜂王捉住放入控制器内，36 小时后抽出雄蜂脾，调到继箱或哺育群中孵化、哺育。若为雄蜂小脾，3 张组拼后镶装在标准巢框内。

在处女王群中，抽出群内工蜂脾，加入小巢框修造的雄蜂小脾1张，并在雄蜂小脾的两侧加隔王板。处女蜂王的处置：在处女王出房后第6天，用二氧化碳将其麻醉8分钟，以后隔天1次，共3次，之后的1周内处女王产卵。在做上述工作时，用隔王栅把巢门堵住，预防处女王飞出交配。定期向处女王群补充蜜蜂，防止群势下降。

也可用将雄蜂脾放置在老蜂王群中，供蜂王产卵。

以雄蜂幼虫取食7天为一个生产周期，1个供卵群，可为2～3个哺养群提供雄蜂虫脾。

3. 采收雄蜂蛹、虫　从蜂王产卵算起，在第10天和在第20～22天采收雄蜂虫、蛹为适宜时间。

（1）雄蜂蛹的采收　将雄蜂蛹脾从哺育群内提出，脱去蜜蜂（图260），或从恒温恒湿箱中取出（雄蜂子脾全部封盖后放在恒温恒湿箱中化蛹），把巢脾平放在"井"字形架子上（有条件的可先把雄蜂脾放在冰箱中冷冻几分钟），用木棒敲击巢脾上梁和边条（或使巢框木条磕碰承接容器的上沿），使巢房内的蛹下沉，然后用平整锋利的长刀把巢房盖削去（图261），再把巢脾翻转，使削去房盖的一面朝下（下铺白布或竹筛作接蛹垫），再用木棒敲击巢脾四周，使巢脾下面的雄蜂蛹震落到垫上（或竹筛中），同时上面巢房内的蛹下沉离开房盖，按上法把剩下的一面房盖削去，翻转、敲击，震落蜂蛹（图262）。

抽出蛹脾

图260　雄蜂蛹脾
（叶振生　摄）

图261　割除封盖

（叶振生　摄）

图262　雄蜂蛹

（王 磊 摄）

割蛹盖、
取蛹

　　（2）雄蜂幼虫的采收　将雄蜂虫脾从哺育群中抽出，抖落蜜
蜂，摇出蜂蜜，削去1/3巢房壁后，放进室内，让雄蜂幼虫向外爬
出，落在设置的托盘中。敲不出的蛹或幼虫用镊子取出。

　　4. 雄蜂脾的处置　取蛹后的巢脾用磷化铝熏蒸后重新插入供
卵群，让蜂王产卵，继续生产。生产期结束后，对雄蜂巢脾消毒和
杀虫后，妥善保存。

(三) 蜂群管理

双王群中采取两王轮换产雄蜂卵，上4~5脾，下2只王各领4脾产卵，蜂脾比例1：（1~1.3），蜂蜜花粉饲料充足。多造新脾，生产雄蜂蛹，群势须达到12脾足蜂及以上，继箱5~6脾，巢箱8脾（如果巢箱两边各3脾，两侧放两面钉纱网巢框防造脾），纱盖下隔板外聚满蜜蜂。卵由新王或老王正常产出，一边王产雄卵3天，然后提到继箱，工蜂空脾落下去，10天后另一边王再产雄卵3天，然后将卵脾提到继箱，如此循环。下午取蛹，第二天早上下雄蜂脾于巢箱中供蜂王产卵（下雄蜂脾之前割去巢房的1/3房壁，方便产卵），下脾后19天取蛹是一个生产周期，1张雄蜂脾一次产蛹1.5~2千克，1群蜂年产雄蜂蛹在10千克以上。雄蜂脾可用4年，如果其上有工蜂子，取蛹时须割除；单王造雄蜂脾好，油菜花期放在蜂巢边二脾的位置。

处女王群产雄蜂卵，须要每周补充一张成熟子脾，保持群势，产卵3天，将卵脾抽出置于哺育群。

单王群产雄卵3天，间歇7天再放雄蜂脾。

培养雄蜂蛹、虫。将雄蜂脾抽出，置于强群继箱中哺育，雄蜂脾两侧分别放工蜂幼虫脾和蜜粉脾；在供卵群的原位置再加1张空雄蜂脾，让蜂王继续产卵。在非流蜜期，对哺育群和供卵群均须进行奖励饲喂。在低温季节，加强保温，高温时期做好遮阳、通风和喂水工作。哺养群要求健康无病，蜂螨寄生率低，群势在12框蜂以上，巢内饲料充足。

(四) 贮藏方法

1. 雄蜂蛹的包装与贮藏 雄蜂蛹、虫易受内、外环境的影响而变质。新鲜雄蜂蛹中的酪氨酸酶易被氧化，在短时间内可使蛹体变黑，新鲜雄蜂虫和蜂王幼虫胴体逐渐变红至暗，失去商品价值。因此，蜜蜂虫、蛹生产出来后，立即捡去割坏或不合要求的虫体，并用清水漂洗干净后妥善贮藏。如生产蜂王幼虫，则不得冲洗。

（1）冷冻法 用80%的食用酒精对雄蜂蛹喷洒消毒，然后用不透气的聚乙烯透明塑料袋分装，每袋0.5千克或1千克，排除袋内空气，密封，并立即放入−18℃的冷柜中冷冻保存（图263）。

雄蜂蛹
速冻保存

图263　雄蜂蛹的包装和保存
（王　磊摄）

（2）淡干法　把经过漂洗的雄蜂蛹倒入蒸笼内衬纱布上，用旺火蒸10分钟，使蛋白质凝固，然后烘干或晒干，也可以把蒸好的蛹体表水甩掉，然后装入聚乙烯透明塑料袋中冷冻保存。

（3）盐渍法　取蛹前，把含盐10％～15％的盐水煮沸备用。取出的雄蜂蛹经漂洗后倒入锅内，大火烧沸，煮15分钟左右，捞出甩掉盐水，摊平晾干（图264）。煮后的盐水如重复利用，每次根据加水的重量按比例添加食盐。晾干后的盐渍雄蜂蛹用聚乙烯透明塑料袋包装（1千克/袋）后在−18℃以下冷冻保存；或者装入纱布袋内挂在通风阴凉处待售。用盐处理的雄蜂蛹，乳白色，蛹体较硬，盐分难以除去。

2. 蜜蜂虫的包装与贮藏

（1）低温保存　蜂王和雄蜂幼虫用透明聚乙烯袋包装后，及时存放在−15℃的冷库或冰柜中保存。

（2）白酒浸泡　用60°白酒或75％的食用酒精浸泡，液面浸过幼虫，装满后密封保存，及时出售。

（3）冷冻干燥　利用匀浆机把幼虫或蛹粉碎匀浆后过滤，经冷冻干燥后磨成细粉（图265），密封在聚乙烯塑料袋中保存，备用。

图 264　盐渍雄蜂蛹

图 265　雄蜂蛹冻干粉
（王磊 摄）

（五）优质高产措施

1. 提高产量的措施　利用双王群进行雄蜂虫、蛹的生产，保证食物充足，连续生产，生产雄蜂蛹，从卵算起，20 天为一个生产周期，强群 7～8 天可养 1 脾，雄蜂房封盖后调到副群或集中到恒温恒湿箱中化蛹，恒温恒湿箱的温度控制在 34～35℃，相对湿度控制在 75%～90%。

2. 提高质量的方法　所有生产虫、蛹的工具和容器要清洗消毒，防止污染；保证虫、蛹日龄一致，去除被破坏的和不符合要求的虫、蛹；生产场所要干净，有专门的符合规定的采收车间；工作人员要保持卫生，着工作服、帽并戴口罩；不用有病群生产；生产的虫、蛹要及时进行保鲜处理和冷冻保存。

模块七　防虫防病防毒害

蜜蜂受微生物、毒物或天敌的为害，以及食物或天气等的影响，都会造成蜜蜂个体死亡、群势下降，或蜂群丧失生产能力，直至群体消失。

■　专题一　　蜜蜂病害的预防　■

一、蜜蜂病害的特点

1. 蜜蜂的病害　可由微生物、食物和天气等引起，微生物引起的蜂病会传染，营养和天气引起的蜂病不传染。

（1）**蜂病的表现**　蜂群生病造成群势下降，失去生产能力；蜜蜂个体行为失常，器官畸形，颜色灰暗，体质衰弱，寿命缩短，直至死亡。例如，蜜蜂在地上爬行、腹部膨胀、追击人畜、幼虫腐烂、翅膀残废、散发臭气、露头蜂蛹、子脾出现"花子"和"穿孔"等。

（2）**蜂病的传播**　在一群蜂中，病原微生物通过蜜蜂取食、喂养和接触感染，形成水平传播，还通过蜂王直接传递给子代；在蜂群之间，蜜蜂迷巢、偷盗或管理（人）传播，转地放蜂和交换蜂王，是远距离大面积传播疾病的途径。

2. 蜜蜂的敌害　天敌取食蜜蜂，寄生性天敌能传播，捕食性天敌所造成的危害不传播，但都会对蜂群产生严重的伤害。

3. 蜜蜂的毒害

（1）**化学毒物**　包括农药、兽药、激素、除草剂等，这些毒物能够毒死蜜蜂，短时间内对蜂造成严重伤害。虽然这些毒物所造成的危害不传播，但会间接引发蜜蜂病害产生。

（2）植物毒害　某些植物花蜜、花粉对蜜蜂有毒，蜜蜂采食后表现出死亡等现象。植物毒害不会传播，但造成的伤害能够影响蜂群未来健康。某些蜜源植物因基因改造丧失了养蜂生产价值，或者由其产生的花粉、花蜜对蜜蜂产生不利影响。

（3）环境毒害　由大气、饮水以及矿产等引起环境污染，造成蜜蜂逐渐衰弱，医药无效，直至死亡。

二、蜜蜂病害的预防

1. 抗病育种　在生产过程中，坚持长期选择抗病力、繁殖力和生产力好的蜂群来培育雄蜂和蜂王。据报道，通过抗病育种，已获得抗囊状幼虫病的中蜂和抗蜂螨的意蜂。

2. 健康管理

（1）食物　蜜蜂的饲料有蜂蜜、蜂粮、蜂乳和水，在无病敌害的情况下，保持蜂群充足优质的饲料，蜂儿生长发育良好，工蜂寿命长，抗病能力强，蜂群健康有活力。在食物短缺季节，及时补充白糖糖浆和蛋白质饲料。变质的、受污染的饲料，会使蜜蜂得病。

（2）蜂巢内外环境　箱外环境要求僻静、蜜源丰富，无污染、无敌害、无干扰，搞好环境卫生，坚持供给蜜蜂清洁饮水；蜂箱内环境要求透气、干燥、卫生和安静。严格控制蜂群间的蜂、子调换，防止人为传播疾病。

（3）饲养强群　强群蜂多，繁殖力、生产力和抗病力强。因此，采取措施，使蜂群在任何时候群势都在15 000只蜜蜂以上，蜂脾比大于1∶1或相当，食物充足，积极造脾，蜂王优质年轻，能够有效地抵抗微生物侵袭。

（4）管好蜂王　交换（移虫培养或购买）蜂王不得带入病虫害，年年更新蜂王，有计划地改良蜂种，防止过度近亲繁殖。

（5）蜂具　蜂箱大小、形式符合蜜蜂生活习性及管理要求。

（6）控制蜂群密度　理论上讲，一般定地养蜂，30～60群意蜂需要方圆 12.5 千米^{2}蜜源场地，30～60 群中蜂需要方圆 7.065 千米^{2}蜜源场地；转地放蜂，主要蜜源花期，12.5 千米^{2}蜜源场地可放意蜂 200 群左右，7.065 千米^{2}蜜源场地可散放中蜂约 565 群。

3. 重视消毒　利用清扫、洗刷和刮除等减少病原体在蜂箱、蜂具和蜂场内的存在，通过曝晒或火焰烧烤消灭蜂具上的微生物。化学消毒是使用最广的消毒方法，常用于场地、蜂箱、巢脾等。在生产实践中，人们交换蜂胶，用 75％的酒精浸泡后喷洒蜂巢、蜂具，对爬蜂病、白垩病有一定的消杀作用。常用消毒剂及使用方法见表 15。

表 15　常用消毒剂使用浓度和特点

消　毒　剂	使用浓度	消杀对象及特点
乙醇	70％～75％	花粉、工具。喷雾或擦拭，喷洒后密闭 12 小时
生石灰	10％～20％	病毒、真菌、细菌、芽孢。蜂具浸泡消毒。悬浮液须现配，用于洒、刷地面、墙壁；石灰粉撒场地
喷雾灵（2.5％聚维酮碘溶液）	500 倍液	杀灭病毒、支原体、真菌、衣原体、细菌及其芽孢。喷雾、冲洗、擦拭、浸泡，作用时间≥10 分钟；5 000 倍作饮水消毒
过氧乙酸	0.05％～0.5％	蜂具消毒，1 分钟可杀死芽孢
冰乙酸	80％～98％	蜂螨、孢子虫、阿米巴、蜡螟的幼虫和卵。每箱体用 10～20 毫升。以布条为载体，挂于每个继箱，密闭 24 小时，气温≤18℃，熏蒸 3～5 天
硫黄	3～5 克/箱	蜂螨、蜡螟、真菌。用于花粉、巢脾的熏蒸消毒

注：除硫黄外，其他均为水溶液。针对疫情使用消毒剂。浸泡和洗涤的物品，用清水冲洗后再用；熏蒸的物品，须置空气中 72 小时后才可使用。

三、药物防治的措施

1. 治疗原则　把发病群和可疑病群送到不易传播病原体、消毒处理方便的地方隔离治疗，有病群用的蜂具和产品未经消毒处理不得带回健康蜂场。如果是恶性或国内首次发现的传染病，或已失去经济价值的带菌（毒）群，都应就地焚烧处理。对被隔离的蜂群，经过治疗且经过该传染病2个潜伏期后，没有再发现病蜂症状，才可解除隔离。

2. 选用药物 先做出诊断，确定病原后，对症选取高效低毒药物。一般对细菌病，常选用盐酸土霉素可溶性粉、红霉素等药物；对真菌病，则选用杀真菌药物，如制霉菌素、两性霉素 B 和食醋等；对病毒病，则选用抗病毒药，如病毒灵、盐酸金刚烷胺粉（13%）和抗病毒中草药糖浆等；对螨类敌害，可选用氟氯苯氰菊酯条、双甲脒条、氟胺氰菊酯条等。

3. 注意事项

（1）交替使用药物，防止病原产生抗药性。按计划时间用药，在关键节点防治。

（2）抓住关键时机用药，省工省力，疗效卓著。例如，定地蜂场，在蜂群断子期治螨，只需连续用药2～3次，即可全年免生螨害。

（3）防止污染产品，不使用违禁药品，严格遵守休药期。

（4）慎重用药，防止药害。与运输蜂群一样，对蜂群的每一次施药都是一次伤害，严重者施药2小时后即引起爬蜂。因此，按说明准确配制、使用药剂，并且注意当天天气和用药时间。

■ 专题二　蜜蜂病害综合防治 ■

一、蜜蜂营养疾病

（一）病因与诊断

1. 病因 在蜜蜂饲料中，糖类、脂类、蛋白质、维生素、微量元素等缺乏或过多，都会引起蜜蜂营养代谢紊乱而发病。

2. 诊断

（1）缺少食物 幼虫干瘪，被工蜂抛弃；幼龄蜂体质差、个体小、寿命短，并伴随卷翅等畸形，在地面无规律爬行；成年蜜蜂早衰、命短；蜂群生产能力降低，蜂王产卵量下降或停止繁殖（图266）。

图266 缺少蜂蜜食物影响繁殖和健康
（引自 黄智勇）

（2）没有蜂蜜 在没有蜂蜜的情况下会饿死（图267）。

图267 没有蜂蜜食物蜜蜂饿死

（3）饲料不良 导致蜜蜂腹泻，蜜蜂体色深暗，腹部臌大，行动迟缓，飞行困难，并在蜂场及其周围排泄黄褐色、有恶臭气味的稀薄粪便，为了排泄，常在寒冷天气爬出箱外，冻死在巢门前。

（二）综合防治

1. 预防 选择蜜源丰富的地方放蜂，平时保持蜂群有充足的蜂蜜食物，在蜜蜂活动季节，要根据蜂数、饲料等具体情况来繁殖蜂群，保持巢温稳定；在天气恶劣或蜜源缺乏的条件下，应暂停蜂王浆、雄蜂蛹等营养消耗大的生产活动；蜂群越冬，提前喂足蜜糖饲料。越冬饲料、早春繁殖蜂群，不宜使用果葡糖浆及花粉代用品。

2. 挽救措施 蜜蜂活动季节，把蜂群及时运到蜜源丰富的地方放养，或者补充饲料。冬季出现腹泻蜂群，提早让蜂排泄，或者提前送往南方繁殖。

3. 蜂群处理 抽出多余巢脾，达到蜂多于脾，抛弃发育不良子脾。清除箱内杂物。

二、幼虫腐臭病

（一）病原与诊断

1. 美洲幼虫腐臭病

（1）病原 幼虫细菌病，由幼虫芽孢杆菌引起，多感染意蜂。

（2）诊断 烂虫有腥臭味，有黏性，可拉出长丝。死蛹吻前伸，如舌状。封盖子色暗，房盖下陷或有穿孔（图268）。

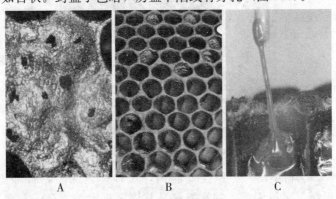

A B C

图 268 美洲幼虫腐臭病
A. 病脾 B. 虫尸干枯在房壁上 C. 示拉丝
（引自 黄智勇）

2. 欧洲幼虫腐臭病

（1）病原　幼虫细菌病，由蜂房球菌引起，该病多感染中蜂。

（2）诊断　观察脾面是否"花子"，再检查是否有移位、扭曲或腐烂于巢房底的小幼虫。体色由珍珠白变为淡黄色、黄色、浅褐色，直至黑褐色。当工蜂不及时清理时，幼虫腐烂，并有酸臭味，稍具黏性，但拉不成丝，易清除（图269）。

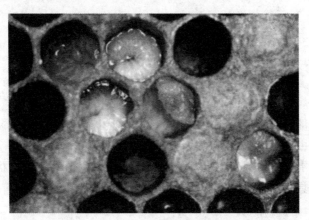

图269　欧洲幼虫腐臭病
（引自　黄智勇）

（二）综合防治

1. 预防　抗病育种，更换蜂王；选择蜜源丰富的地方放蜂，保持食物充足、蜂多于脾；蜂群置于干燥通风、每天有阳光照射的地方。

2. 治疗　蜂场初始发病，焚烧患病蜂群，彻底消毒场地、蜂具。

（1）每10框蜂用红霉素0.05克，加250毫升50%的糖水喂蜂，或250毫升25%的糖水喷脾，每2天喷1次，5～7次为一个疗程。

（2）用盐酸土霉素可溶性粉200毫克（按有效成分计），加1∶1的糖水250毫升喂蜂，每4～5天喂1次，连喂3次，采蜜之前6周停止给药。

上述药物要随配随用，防止失效。研碎后加入花粉中，做成饼喂蜂也有效。用青链霉素80万单位防治一群，加入20％的糖水中喷脾，隔3天喷1次，连治2次。青霉素和链霉素合用能治疗大多数细菌病。

三、幼虫囊状病

（一）病原与诊断

1. 病原 囊状幼虫病是一种常见的蜜蜂幼虫病毒病，由蜜蜂囊状幼虫病毒引起，中蜂、意蜂都有发生。

2. 诊断 蜂群发病初期，子脾呈"花子"症状；当病害严重时，患病的大幼虫或前蛹期死亡，巢房被咬开，呈"尖头"状；幼虫的头部有大量的透明液体聚积，用镊子小心夹住幼虫头部将其提出，幼虫则呈囊袋状。死虫逐渐由乳白变至褐色，当虫体水分蒸发，会干成一黑褐色的鳞片，头尾部略上翘，形如"龙船状"；死虫体不具黏性，无臭味，易清除（图270）。中蜂成年蜜蜂被病毒感染后，寿命缩短。

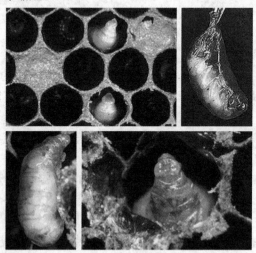

图270 囊状幼虫病症状
（引自 黄智勇）

（二）综合防治

1. 预防

（1）抗病育种 选抗病群（如无病群）作父、母群，连续选育蜂王，可获得抗囊状幼虫病的蜂群。

（2）管理措施 保持蜂多于脾，保持蜂蜜充足；将蜂群置于环境干燥、通风、向阳和僻静处饲养，蜂箱前低后高，少惊扰、子脾不露箱外可减少蜂群得病。

（3）更换蜂王 早养王，早换王。

2. 治疗 蜂场初始发病，焚烧患病蜂群，彻底消毒场地、蜂具。蜂群重新建巢，条件允许更新蜂王，在此基础上使用下述药物进行治疗。

（1）中药 半枝莲榨汁，配成浓糖浆后，灌脾饲喂，饲喂量以当天吃完为度，连续多次，用量一群蜂同一个人的用量。

药物糖浆中可加少量蜂王浆，增强蜜蜂体质。

（2）西药 13％盐酸金刚烷胺粉 2 克（或片 0.2 克），加 25％的糖水 1 000 毫升喷脾，每 2 天喷 1 次，连用 5～7 次。

四、幼虫白垩病

（一）病原与诊断

1. 病原 白垩病是西方蜜蜂的一种幼虫病，广泛分布于各养蜂地区。病原是大孢球囊霉和蜜蜂球囊霉。

2. 诊断 在箱底或巢脾上见到长有白色菌丝或黑白两色的幼虫尸（图 271、图 272），箱外观察可见巢门前堆积像石灰子样的或白或黑的虫尸（图 273），确诊。雄蜂幼虫比工蜂幼虫更易感染。

图 271 白垩病烂虫

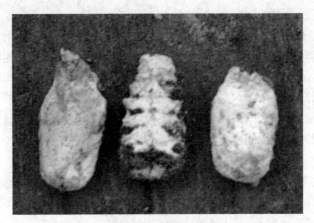

图 272　白垩病蜂尸

图 273　白垩病

蜂群发病与低温寒冷、箱内潮湿关系较大。

（二）综合防治

1. 预防　春季在向阳温暖和干燥的地方摆放蜂群，保持蜂箱内干燥透气。防治蜂螨。不饲喂带菌的花粉，外来花粉应消毒后再用。

2. 治疗　焚烧病脾，防止传播。

（1）每 10 框蜂用制霉菌素 200 毫克，加入 250 毫升 50％的糖水中饲喂，每 3 天喂 1 次，连喂 5 次；或用制霉菌素（1 片/10 框）

碾粉掺入花粉饲喂病群，连续 7 天。

（2）用喷雾灵（25％聚维酮碘）稀释 500 倍液，喷洒病脾和蜂巢，每 2 天喷 1 次，连喷 3 次。空脾用该溶液浸泡 0.5 小时。

有些时候，转移蜂场，把蜂群安置在干燥、通风的地方，白垩病会不治而愈。

五、成年蜜蜂螺原体病

（一）病原与诊断

1. 病原　蜜蜂螺原体病是西方蜜蜂的一种成年蜂病害，病原为蜜蜂螺原体，是一种螺旋形、能扭曲和旋转运动、无细胞壁的原核生物。我国南方在 4—5 月为发病高峰期，东北一带 6—7 月为高峰期。

2. 诊断　病蜂腹部膨大，行动迟缓，不能飞翔，在蜂箱周围爬行。病蜂中肠变白肿胀，环纹消失，后肠积满绿色水样粪便。此病原与孢子虫、麻痹病病毒等混合感染蜜蜂时，病情严重，爬蜂死蜂遍地，群势锐减。

在 1 500 倍显微镜暗视野下检查，见到晃动的小亮点，并拖有 1 条丝状体，做原地旋转或摇动，即可确诊。

（二）综合防治

1. 预防　培育健康的越冬蜂，留足优质饲料，给蜂群选择干燥向阳的场所越冬。对撤换下来的箱、脾等蜂具及时消毒。

2. 治疗　每 10 框蜂用红霉素 0.05 克，加入 250 毫升 50％的糖水中喂蜂，或将药物加入 25％的糖水喷脾，每 2 天喂（喷）1 次，5～7 次为 1 个疗程。

六、成年蜜蜂孢子虫病

（一）病原与诊断

1. 病原　蜜蜂微孢子虫病是西方蜜蜂成年蜂病，冬、春发病率较高，造成成年蜂寿命缩短，春繁和越冬能力降低。病原为蜜蜂微孢子虫和东方蜜蜂微孢子虫（图 274）。

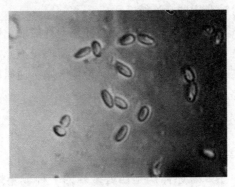

图 274 蜜蜂孢子虫
（引自 周婷）

2. 诊断 病蜂行动迟缓，腹部膨大、拉伸，腹部末端呈暗黑色。当外界连续阴雨潮湿时，有腹泻症状。用拇指和食指捏住成年蜂腹部末端，拉出中肠，患病蜜蜂的中肠颜色变白、环纹消失，无弹性、易破裂。

（二）综合防治

（1）预防 用冰醋酸、福尔马林加高锰酸钾熏蒸消毒蜂箱、巢脾等蜂具。优质白糖喂蜂，适当添加山楂汁或柠檬酸（0.1%），不用代用饲料，场地通风，采取措施促进蜜蜂排泄。

2. 治疗

（1）喂酸饲料 在每升糖浆或蜂蜜中加入 1 克柠檬酸或 4 毫升食醋，每 10 框蜂每次喂 250 毫升，2～3 天喂 1 次，连喂 4～5 次，可抑制孢子虫的侵入与增殖。

（2）西药 用烟曲霉素加入糖浆（25 毫克/升）中喂蜂治疗。

七、成年蜜蜂麻痹病

（一）病原与诊断

1. 病原 有急性麻痹病和慢性麻痹病两种，多发生在春秋两季，是西方蜜蜂成年蜂病害。病原为蜜蜂急性麻痹病病毒和慢性麻痹病病毒。

2. 诊断　患急性麻痹病的蜜蜂死前颤抖，并伴有腹部膨大症状。患慢性麻痹病的蜜蜂，一种为大肚型，病蜂双翅颤抖，腹部因蜜囊充满液体而肿胀，翅展开，不能飞翔，在蜂箱周围或草上爬行，有时许多病蜂在箱内或箱外聚集；还有一种为黑蜂型，病蜂体表绒毛脱落，腹部末节油黑发亮，个体略小于健康蜂，颤抖，不能飞翔，常被健康蜜蜂攻击和驱逐（图275）。

（二）综合防治

1. 预防　蜂螨是麻痹病病毒携带者之一，防治蜂螨，减少传播。选育抗病品种，每年提早更换蜂王。加强饲养管理，春季选择向阳高燥地方、夏季选择半阴凉通风场所放蜂群，及时清除病蜂、死蜂。

图 275　蜜蜂麻痹病病蜂

2. 治疗　用升华硫 4～5克/群，撒在蜂路、巢框上梁、箱底，每周 1～2 次，用来驱杀病蜂。

4%酞丁安粉 12 克，加 50%糖水 1 升，每 10 框蜂每次 250 毫升，洒向巢脾喂蜂，2 天 1 次，连喂 5 次，采蜜期停用。

八、成年蜜蜂爬蜂综合征

（一）病原与诊断

1. 病原　蜂爬病感染西方蜜蜂，4 月为发病高峰期，病原有蜜蜂微孢子虫、蜜蜂马氏管变形虫、蜜蜂螺原体、奇异变形杆菌等。另外，不良饲料造成蜜蜂消化障碍，也引起蜂爬病。发病与环境条件密切相关，当温度低、湿度大时病害重。

2. 诊断　患病蜜蜂多在凌晨（4：00 左右）爬出箱外，行动迟缓，腹部拉长，有时腹泻，翅微上翘。染病前期，可见病蜂在巢箱周围蹦跳，无力飞行，后期在地上爬行，于沟、坑处聚集，最后抽搐死亡。死蜂伸吻、张翅。病蜂中肠变色，后肠膨大，积满黄或绿色粪便，时有恶臭。还有些病蜂腹部膨胀、体色湿润，挤在一堆。

（二）综合防治

重在预防，除饲养强群、保持饲料优质充足外，还须注意以下几点。

1. 遴选环境　选择干燥、向阳的越冬及春繁场地。保持蜂巢透气、干燥和蜂多于脾。利用气温 10℃ 以上的中午，促进蜜蜂排泄，翻晒保暖物品，慎用塑料薄膜封盖蜂箱。

2. 适度生产　适时停产王浆，培育适龄健康的越冬蜂。供给蜂群充足优良的饲料。加喂酒石酸、食醋等酸味剂，抑制病原体的繁殖，早春和越冬饲喂蜂群不用代用品。春季不过早繁殖。

3. 消毒　每年秋季对蜂具消毒。

▪ 专题三　　蜜蜂敌害综合防治 ▪

蜜蜂敌害包括取食蜜蜂和吮吸蜜蜂体液的所有可见动物，既有寄生性的敌害，也有捕食性的天敌。

一、寄生性敌害

（一）大蜂螨

大蜂螨是西方蜜蜂的主要寄生性敌害，一生经过卵、若螨和成螨（图 276）三个阶段，在 8—9 月为害最严重。

1. 习性　大蜂螨成螨寄生在成年蜜蜂体上，靠吸食蜜蜂的血淋巴生活；卵和若螨寄生在蜂房中，以蜜蜂虫和蛹的体液为营养生长发育。

2. 为害与诊断　被寄生的成年蜂烦躁不安，体质衰弱，寿命缩短。幼虫受害后，有些在蛹期死亡，而羽化出房的蜜蜂畸形、翅残，失去飞翔能力，四处乱爬（图 277）。受害蜂群，繁殖和生产能力下降，群势迅速衰弱，直至全群灭亡。

在蜂体上或巢房中，发现芝麻粒大小、横椭圆形指甲盖样、棕

图 276　大蜂螨腹面

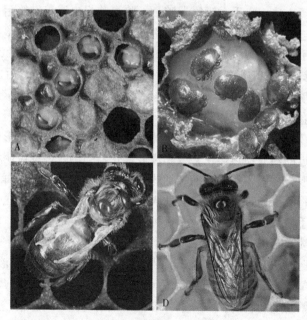

图 277　蜂螨为害蜜蜂
A. 形成白头蛹　B. 寄生在巢房
C. 无翅的废品　D. 背负大蜂螨
（引自 黄智勇）

红色的移动物体，即是大蜂螨成虫。

3. 综合防治

（1）预防　选育抗螨蜂种，及时更新蜂王。积极造脾，更新蜂巢。

（2）治疗　防治蜂螨有断子期治疗和繁殖期治疗两种不同的方法。

①断子期药物防治大蜂螨。切断蜂螨在巢房寄生的生活阶段，用药喷洒巢脾，时间选择早春无封盖子前、秋末断子后，或结合育王断子和秋繁断子进行，一天当中，白天施药，17：00 以前结束。常用的药剂有杀螨剂 1 号、绝螨精、双甲脒等水剂，按说明加溶剂稀释，置于手动喷雾器中或加热雾化器中喷雾防治。

施药方法一：手动喷雾器喷洒。将巢脾提出置于继箱后，先对巢箱底进行喷雾，使蜂体上布满雾珠，再取一张报纸，铺垫在箱底上，左手提出巢脾（抓中间），右手持手动喷雾器，距脾面 25 厘米左右，斜向蜜蜂喷射 3 下，喷过一面，再喷另一面，然后放入蜂巢，再喷下一脾，最后，盖上副盖、覆布、大盖。第二天早晨打开蜂箱，卷出报纸，检查治螨效果。

施药方法二：利用热力雾化器（酒精或丁烷气加热蛇形管，进而将通过的药液加热雾化）或超声波雾化器喷洒。根据说明将药液和溶剂混合，置于药罐，前者加热经过蛇形管中的药液，再手持雾化器，将喷头通过巢门或钉孔插入箱中，对着箱内空处，压下动力系统的手柄 2～3 下，密闭 10 分钟即可；后者直接通电源，将雾化的药液喷入箱中。

施药方法三：草酸雾化器。由电瓶供给能量，加热药液雾化，通过巢门导入蜂箱，关闭巢门 10 分钟左右。

②繁殖期药物防治大蜂螨。蜂群繁殖期，卵、虫、蛹、成蜂四种虫态俱全，即有寄生在成年蜜蜂体上的成年蜂螨，也有寄生在巢房内的螨卵、若螨和成螨，要选择既能杀死巢房内的螨又能杀死蜂体上螨的药物，或设法造成巢房内的螨与蜂体上的螨分离，分别防治，采用特殊的施药方法进行防治。常用药剂有螨扑（如氟胺氰菊

酯条、氟氯苯氰菊酯条）（图278）。使用前，都需要做药效试验。

防治大蜂螨

图278 螨 扑

施药方法一：持螨扑片。每群蜂用药2片，弱群1片，将药片固定在第二个蜂路巢脾框梁中间，1周后再加1片，对角悬挂。使用的螨扑一定要有效，有些螨扑对幼蜂毒害大，注意爬蜂问题。

施药方法二：分巢轮治（蜂群轮流治螨）。将蜂群的蛹脾和幼虫脾带蜂提出，组成新蜂群，导入王台；蜂王和卵脾留在原箱，待蜜蜂安定后，用杀螨剂喷雾治疗。新分群先治1次，待群内无子后再治2次。

有些药物防治蜂螨，需要及时将落到箱底的螨搜集焚毁。

（二）小蜂螨

小蜂螨是西方蜜蜂的主要寄生性敌害，一生也经过卵、若螨和成螨三个阶段。

1. 习性 小蜂螨主要生活在大幼虫房和蛹房中，很少在蜂体上寄生，在蜂体上只能存活2天。小蜂螨在巢脾上爬行迅速，在河南省，小蜂螨5—9月都能为害蜂群，8月底9月初最为严重，生产上，6月就需要对小蜂螨进行防治。

2. 为害与诊断 小蜂螨靠吸食幼虫和蛹的淋巴生活，造成幼虫和蛹大批死亡和腐烂，封盖子房有时还会出现小孔，个别出房的幼蜂，翅残缺不全，体弱无力。小蜂螨的为害比较隐蔽，常引起见子不见蜂的现象，其造成的损失往往超过大蜂螨。

在封盖子表面或巢房中，发现针尖大小、椭圆形、棕红色的、爬行迅速的物体，即是成年小蜂螨（图279）。

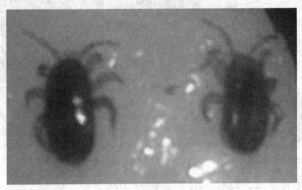

图 279　成年小蜂螨

3. 综合防治

（1）预防　选育抗螨蜂种，及时更新蜂王。积极造脾，更新蜂巢。

（2）治疗　防治时间选在油菜或柑橘花期结束、荆条开花前期、繁殖越冬蜂前进行。在河南省和山西省定地养蜂，6月防治小蜂螨。

施药方法一：将杀螨剂和升华硫混合（500克升华硫＋10毫升杀螨剂，可治疗600～800框蜂），用纱布包裹，抖落封盖子上的蜜蜂，使脾面斜向下，然后涂药于封盖子的表面。

施药方法二：500克升华硫＋10毫升杀螨剂＋4.5千克水，充分搅拌，然后澄清，再搅匀。提出巢脾，抖落蜜蜂，用羊毛刷浸入上述药液，提出，刷抹脾面。脾面斜向下，先刷向下的一面，避免药液漏入巢房内，刷完一面，反转后再刷另一面。

防治小蜂螨

不向幼虫脾涂药，并防止药粉掉入幼虫房中。涂抹尽可能均匀、薄少，防止爬蜂等药害。

施药方法三：500克升华硫＋10毫升杀螨剂，再加适量滑石粉和水，制成泥状。在隔王板上边选东南西北中5点，分别放置泥状药物5~10克。

（三）大蜡螟

蜡螟有大蜡螟和小蜡螟2种，为害蜜蜂的主要是前者。蜡螟为蛀食性昆虫，一生经过卵、幼虫、蛹和成虫四个阶段，在5—9月为害最严重。

1. 习性　大蜡螟一年发生2~3代，小蜡螟一年发生3代，它们白天隐匿，夜晚活动，于缝隙间产卵。

2. 为害与诊断　蜡螟以其幼虫（又称巢虫）蛀食巢脾、钻蛀隧道，为害蜜蜂的幼虫和蛹，成行的蛹的封盖被工蜂啃去，造成"白头蛹"，影响蜂群的繁殖，严重者迫使蜂群逃亡。此外，蜡螟还破坏保存的巢脾，并吐丝结茧，在巢房上形成大量丝网，使被害的巢脾失去使用价值（图280）。

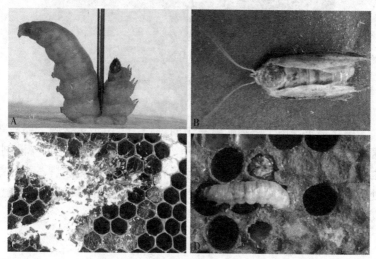

图280 大蜡螟
A. 幼虫　B. 成虫　C. 为害巢脾　D. 为害子脾

在巢脾上或蜡渣中，小龄幼虫灰白色，以后虫体呈圆柱形，浅黄色，背腹变成灰到深灰色。老熟幼虫体长可达28毫米。雌蛾较大、灰黄色，体长 20 毫米左右，翅展 30～35 毫米；下唇须一对，水平向前延伸，使头前部成短喙状突出。

3. 防治

（1）预防　蜂箱严实无缝，不留底窗；摆放蜂箱要前低后高，左右平衡；饲养强群，保持蜂多于脾或蜂、脾相称；筑造新脾，更换老脾。

（2）防治（贮存巢脾上的蜡螟）　先把巢脾分类、清理，置于继箱，每箱 10 张，箱体相叠，再按每两个箱体一粒磷化铝（图 281）用药，用纸片盛放，置于最上层继箱中间，最后用塑料膜袋套封，密闭即可，时间 15 天。

图 281　磷化铝

磷化铝主要用于熏蒸贮藏室中的巢脾，也用于巢蜜脾上蜡螟等害虫的防除，一次用药即可达到消灭害虫的目的。磷化钙（散剂）也可用来熏蒸巢虫，用法和效果与磷化铝相似。被害巢脾，可化蜡处理。磷化铝或磷化钙与空气接触产生磷化氢，剧毒，用时注意安全。

二、捕食性天敌

捕食性天敌个体大，一般根据为害症状和天敌形态进行断定。

（一）胡蜂

胡蜂在我国南方各省，为夏秋季节蜜蜂的主要敌害（图 282）。为害蜜蜂的主要是金环胡蜂、黑盾胡蜂和基胡蜂。

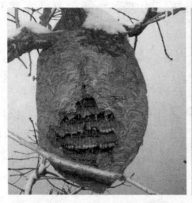

图 282 巢穴和胡蜂

1. 习性 胡蜂是社会性昆虫，群体由蜂王、工蜂和雄蜂组成，杂食。单个蜂王越冬，翌年 3 月繁殖建群，8—9 月为害猖獗。

2. 为害与诊断 中小体型的胡蜂，常在蜂箱前 1～2 米处盘旋，寻找机会，抓捕进出飞行的蜜蜂（图 283）；体型大的胡蜂，除了在箱前飞行捕捉蜜蜂外，还能伺机扑向巢门直接咬杀蜜蜂，若有胡蜂多只，还能攻进蜂巢中捕食，迫使中蜂弃巢逃跑。

图 283 蜜蜂围困胡蜂

3. 综合防治 可利用胡蜂诱捕器诱捕；发现有胡蜂为害时，可用板扑打；摘除蜂场附近的胡蜂巢。

（二）鼠

鼠是蜜蜂越冬季节的重要敌害，为害蜜蜂的主要是家鼠和田鼠。

1. 习性 哺乳动物，家鼠生活在人畜房舍，盗吃食物，田鼠生活在庄田，作巢地下。

2. 为害与诊断 在冬季，鼠咬破箱体或从巢门钻入蜂箱中，一方面取食蜂蜜、花粉，啃咬毁坏巢脾，并在箱中筑巢繁殖，使蜂群饲料短缺，同时啃啮蜜蜂头、胸，把蜜蜂腹部遗留箱底（图284）；另一方面，鼠的粪便和尿液气味浓烈，使蜜蜂骚动不安，离开蜂团而死，严重影响蜂群越冬，同时也污染了蜂箱、蜂具。

图284 鼠 害

在早春或冬季，箱前有头胸不全、足翅分离的碎蜂尸和蜡渣，即可断定是鼠危害。

3. 综合防治 把蜂箱巢门高做成7毫米，能有效地防鼠进箱。在鼠经常出没的地方放置鼠夹、鼠笼等器具逮鼠。市售毒鼠药有灭鼠优、杀鼠灵、杀鼠迷、敌鼠等，按说明书使用，注意安全。

（三）蟾蜍

蟾蜍俗称癞蛤蟆，属两栖纲蟾蜍科，是蜜蜂夏季的主要敌害之一。

1. 习性 蟾蜍隐藏在草丛中或箱底下，昼伏夜出，守着巢门吞食蜜蜂。

2. 为害与诊断 根据形态判断。每只蟾蜍一晚上能吃掉数十只到 100 只以上的蜜蜂。

3. 综合防治 铲除蜂场周围的杂草，垫高蜂箱或蜂箱置于箱架上，黄昏或傍晚到箱前查看，尤其是阴雨天气，用捕虫网捕捉，放生野外。

（四）其他敌害

1. 狗熊 又名黑瞎子，它能搬走（或推翻）蜂箱，攫取蜂蜜。预防方法是养犬放哨，放炮撵走。

2. 宽带鹿角花金龟 主要为害中蜂。攀附巢脾，吸食蜂蜜，造成巢脾坑洼不平，扰乱蜂群生活秩序。蜜蜂将其团团包围，使其窒息死亡，同时大量蜜蜂也因缺氧死亡。预防方法是控制巢门高度，防止害虫进入；清除蜂场杂草。

3. 三斑赛蜂麻蝇 又称肉蝇、蜂麻蝇，是一种内寄生蝇，多为害中蜂，重庆、河南都有发生，风调雨顺年景严重。夏季，雌蝇在采集蜂体上产下卵虫，幼虫钻入蜜蜂体内，取食淋巴和肌肉。受害蜜蜂体色变淡、飞翔无力、行动迟缓，最后在痉挛、颤抖中死去。捕捉疑似病蜂，打开胸腔，看到麦粒样的麻蝇幼虫即可确诊。

在箱盖上放置水盆诱杀成虫，将蜜蜂抖落箱外，隔离病蜂，集中焚烧消灭幼虫。蜂场硬化或多撒生石灰，恶化蝇蛹生长环境。

■ 专题四　蜜蜂毒害预防措施 ■

毒害蜜蜂有自然和人为因素，可分为植物毒害、农药毒害和环境毒害三种。

一、植物毒害

植物毒害包括有害花蜜、花粉、甘露蜜等。

蜜蜂中毒现场

（一）蜜源植物花蜜花粉有害

植物花蜜或花粉中含有某些成分超量，蜜蜂食用后发生不适现象。主要有油茶、茶、枣等。

1. 茶花蜜中毒　茶树是我国南方广泛种植的重要经济作物，开花期 9—12 月，流蜜量较大，花粉丰富且经济价值高，有利于王浆生产。

（1）诊断　幼虫腐烂，群势下降。

（2）防治　在茶花期，每隔 1～2 天给蜂群饲喂 1∶1 的糖水。

2. 油茶花中毒　油茶是我国长江中下游地区以及南方各省种植的重要油料作物。开花期 9—11 月。

（1）诊断　成年蜂采集花蜜后腹部膨胀，无法飞行，直至死亡；幼虫取食油茶花蜜后表现为烂子。

（2）防治　每天饲喂 1∶1 糖水，尽早搬离油茶花场地。

3. 枣花蜜中毒　枣是我国重要果树之一，也是北方夏季主要蜜源植物。5—6 月开花。泌蜜量大，花粉少。枣花蜜中的钾离子、生物碱以及蜂群缺粉、高温和蛋白质食物中含有尘埃，是引起蜜蜂中毒、群势下降的原因。

（1）诊断　工蜂腹胀，失去飞翔能力，只能在箱外做跳跃式爬行；死蜂呈伸吻勾腹状，踩上去有轻微的噼啪爆炸声。蜂群群势下降。

（2）防治　放蜂场地要通风，并有树林遮阳。采蜜期间，做好蜂群的防暑降温工作，一早一晚清扫场地并洒水，扩大巢门，蜂场增设饲水器。保持巢内花粉充足，可减轻发病。

（二）植物甘露、昆虫蜜露有害

在外界蜜粉源缺乏时，蜜蜂采集某些植物幼叶分泌的甘露（图285）或蚜虫、介壳虫分泌的蜜露（图286），引起消化不良而死亡。

（1）诊断　成年蜂腹部膨大，无力飞翔。拉出消化道，可见蜜囊膨胀，中肠环纹消失，后肠有黑色积液。严重时幼蜂、幼虫和蜂王也会中毒死亡。

（2）防治　选择蜜源丰富、优良的场地放蜂，保持蜂群食物充足，一旦蜜蜂采集了松柏等甘露或蜜露，要及时清理，给蜂群补喂含有复合维生素 B 或酵母的糖浆，并转移蜂场。

图 285　蜜蜂采集柏树甘露
（引自 刘富海）

图 286　介壳虫分泌的甜汁

（三）有毒植物蜜源

我国常见的有毒蜜源植物有藜芦、苦皮藤、喜树、博落回、曼陀罗、毛茛、乌头、白头翁、羊踯躅、杜鹃等，这些植物的花粉或花蜜含有对蜜蜂有害的生物碱、糖苷、毒蛋白、多肽、胺类、多糖、草酸盐等物质，蜜蜂采集后，受这些毒物的作用而生病。

（1）诊断　因花蜜而中毒的多是采集蜂，中毒初期，蜜蜂兴奋，逐渐进入抑制状态，行动呆滞，身体麻痹，吻伸出；中毒后期，蜜蜂在箱内、场地艰难爬行，直到死亡。因花粉而中毒的多为幼蜂，其腹部膨胀，中、后肠充满黄色花粉糊，并失去飞行能力，落在箱底或爬出箱外死亡。花粉中毒严重时，幼虫滚出巢房而毙命，或烂死在巢房内，虫体呈灰白色。可鉴定花粉判定有害植物类型。

（2）防治 选择没有或少有毒蜜源（2 千米内）的场地放蜂，或根据蜜源特点，采取早退场、晚进场、转移蜂场等办法，避开有毒蜜源的毒害。如在秦岭山区白刺花场地放蜂，早退场可有效防止蜜蜂因苦皮藤中毒。

发现蜜蜂蜜、粉中毒后，首先须及时从发病群中取出花蜜或花粉脾，并喂给酸饲料（如在糖水中加食醋、柠檬酸，或用生姜 25 克＋水 500 克，煮沸后再加 250 克白糖喂蜂）。若确定花粉中毒，加强脱粉可减轻症状。其次，如中毒严重，或该场地没有太大价值，应权衡利弊，及时转场。

二、化学物质毒害

1. 农药 蜜蜂药物中毒主要是在采集果树和蔬菜等人工种植植物的花蜜花粉时发生，如我国南方的柑橘、荔枝、龙眼，北方的枣树、杏树、西瓜等，每年都造成大量蜜蜂死亡；城市园林绿化防治害虫，尤其是全国性飞机防治美国白蛾，给所在地养蜂造成很大威胁。另外，我国最主要的蜜源——油菜、枣等，由于催化剂和除草剂的应用，驱避蜜蜂采集，或蜜蜂采集后，造成蜂群停止繁殖，破坏蜜蜂正常的生理机能而发生毒害作用。

（1）诊断 农药中毒的主要是外勤蜂。成年工蜂中毒后，在蜂箱前乱飞，追蜇人畜，蜂群很凶。中毒工蜂正在飞行时旋转落地，肢体麻痹，翻滚抽搐，打转、爬行，无力飞翔。最后，两翅张开，腹部勾曲，吻伸出而死，有些死蜂还携带有花粉团；严重时，短时间内在蜂箱前或蜂箱内可见大量死蜂，全场蜂群都如此，而且群势越强死亡越多。

当外勤蜂中毒较轻而将受农药污染的食物带回蜂巢时，造成部分幼虫中毒而剧烈抽搐并滚出巢房。有一些幼虫能生长羽化，但出房后残翅或无翅，体重变轻。当发现上述现象时，根据对花期特点和种植管理方式的了解，即可判定是农药中毒。

除草剂造成蜜蜂慢性中毒，蜂群逐渐下降，结合场地及周围枯草即可断定。

（2）防治 除草剂造成的蜜蜂中毒，须及时撤离。其他农药造成的蜜蜂中毒，根据情况决定是否搬离蜂场，还要做好以下处置工作。

①养蜂者和种植者须密切合作，尽量做到花期不喷药，或在花前预防、花后补治。必须在花期喷药的，提前3天通知，做好隔离工作；优选施药方式、药物形状，减轻伤害。

②急救措施。第一，若只是外勤蜂中毒，及时撤离施药区即可。若有幼虫发生中毒，则须摇出受污染的饲料，清洗受污染的巢脾。第二，给中毒的蜂群饲喂1∶1的糖浆或甘草糖浆。对于确知有机磷农药中毒的蜂群，应及时配制0.1%～0.2%的解磷定溶液，或用0.05%～0.1%的硫酸阿托品喷脾解毒。对有机磷或有机氯农药中毒，也可在20%的糖水中加入0.1%食用碱喂蜂解毒。

③蜂群处置。受害严重的蜂群，及时撤离有毒场地，取出含毒食物，撤出受害子脾，保持蜂多于脾，防治蜂螨，从头开始繁殖。

2. 兽药

（1）诊断 在使用杀螨剂防治大蜂螨时，用药（如绝螨精二号、甲酸等）过量，在施药2小时后，幼蜂便从箱中爬出，在箱前乱爬，直到死亡为止。有些螨扑，使幼蜂爬时间达1周以上（图287）。

在用升华硫抹子脾防治小蜂螨时，若药末掉进幼虫房内，则引起幼虫中毒死亡。

图287 蜜蜂因螨扑中毒箱内死亡，此外，蜜蜂连取食都停止了

此外，鸡场、猪场用的添加剂，对蜜蜂也有很大影响。

（2）防治　蜂场要求远离鸡场、猪场。

严格按照说明配药，使用定量喷雾器施药。或先试治几群，按最大的防效、最小的用药量防治蜂病。

防治蜂病用药，须在蜜蜂能安全飞行的 17：00 以前进行。

3. **激素**　主要有生长素、坐果素等。目前对养蜂生产威胁最大的是农民对枣树花、油菜花喷洒赤霉素。

（1）诊断　蜜蜂采集后，便引起幼虫死亡，蜂王停产直至死亡，工蜂寿命缩短，并减少甚至停止采集活动。

（2）防治　更换蜂王，离开喷洒此药的蜜源场地。

在习惯施药的蜜源场地放蜂，蜂场以距离蜜源 300 米为宜。若花期大面积喷施对蜜蜂高毒的农药，应及时搬走蜂群。如蜂群一时无法搬走，就必须关上巢门，保持蜂群环境黑暗，注意通风降温，且最长不超过 2 天。对不宜关巢门的蜂群必须在蜂巢门口连续洒水。

三、环境毒害

在工业区（如化工厂、水泥厂、电厂、铝厂、药厂、冶炼厂等）附近，烟囱排出的气体中，有些含有氧化铝、二氧化硫、氟化物、砷化物、臭氧等有害物质，随着空气（风）飘散并沉积下来。这些有害物质，一方面直接毒害蜜蜂，使蜜蜂死亡或寿命缩短，另一方面它沉积在花上，被蜜蜂采集后影响蜜蜂健康和幼虫的生长发育，还对植物的生长和蜂产品质量形成威胁（图 288）。

除工业区排出的有害气体外，其排出的污水和城市生活污水也时刻威胁着蜜蜂的安全。近些年来的"爬蜂病"，污水是其主要发病原因之一。荆条花期，水泥厂排出的粉尘是附近蜂群群势下降的原因之一。毒气中毒以工业区及其排烟的顺（下）风向受害最重，污水中毒以城市周边或城中为甚。

有些矿区，散落的矿渣也会对蜂群繁殖、蜜蜂寿命造成危害。

由环境毒害造成的群势下降，严重者全群覆没，而且无药

图 288　污浊的空气

可治。

　　1. 诊断　环境毒害，造成蜂巢内有卵无虫、爬蜂，蜜蜂疲惫不堪，群势下降，用药无效。

　　因污水、毒气造成蜜蜂的中毒现象，雨水多的年份轻，干旱年份重，并受季风的影响，在污染源的下风向受害重，甚至数十千米的地方也难逃其害。只要污染源存在，就会一直对该范围内的蜜蜂造成毒害。

　　2. 防治　发现蜜蜂因有害气体而中毒，首先清除巢内饲料后喂给糖水，然后转移蜂场。

　　如果是污水中毒，应及时在箱内喂水或巢门喂水，在落场时，做好蜜蜂饮水工作。

　　由环境污染对蜜蜂造成毒害有时是隐性的，且是不可救药的。因此，选择具有优良环境的场地放蜂，是避免环境毒害的唯一好办法，同时也是生产无公害蜂产品的首要措施。

图书在版编目（CIP）数据

蜜蜂绿色高效养殖技术/刘星等编著．—北京：
中国农业出版社，2022.10
　（视频图文学养殖丛书）
　ISBN 978-7-109-30107-8

　①蜜… Ⅱ.①刘… Ⅲ.①蜜蜂饲养 Ⅳ.
①S894.1

中国版本图书馆 CIP 数据核字（2022）第 180053 号

中国农业出版社出版

地址：北京市朝阳区麦子店街 18 号楼
邮编：100125
责任编辑：武旭峰　弓建芳
版式设计：杨　婧　责任校对：吴丽婷
印刷：北京通州皇家印刷厂
版次：2022 年 10 月第 1 版
印次：2022 年 10 月北京第 1 次印刷
发行：新华书店北京发行所
开本：880mm×1230mm　1/32
印张：8.75
字数：254 千字
定价：48.00 元
